职业技能等级认定培训教程

区块链应用操作员

（基础知识）

编审委员会

主　任　吴礼舵　张　斌
副主任　刘文彬　葛　玮
委　员　葛恒双　赵　欢　王小兵　张灵芝　刘永澎　吕红文　张晓燕
　　　　贾成千　高　文　瞿伟洁

本书编审人员

主　编　赵　伟　刘学波
编　者　盛鸿宇　武春岭　秦　备
主　审　杨　鹏　李银科
审　稿　李　鸣　陈清华

中国劳动社会保障出版社

图书在版编目（CIP）数据

区块链应用操作员．基础知识／中国就业培训技术指导中心，人力资源和社会保障部职业技能鉴定中心组织编写．－－北京：中国劳动社会保障出版社，2023

职业技能等级认定培训教程

ISBN 978-7-5167-5809-0

Ⅰ．①区… Ⅱ．①中…②人… Ⅲ．①区块链技术–应用–职业技能–鉴定–自学参考资料 Ⅳ．①TP311.135.9

中国国家版本馆 CIP 数据核字（2023）第 064724 号

中国劳动社会保障出版社出版发行

（北京市惠新东街 1 号　邮政编码：100029）

*

保定市中画美凯印刷有限公司印刷装订　　新华书店经销

787 毫米 × 1092 毫米　16 开本　10 印张　164 千字
2023 年 6 月第 1 版　2023 年 6 月第 1 次印刷
定价：32.00 元

营销中心电话：400-606-6496
出版社网址：http://www.class.com.cn

版权专有　　侵权必究

如有印装差错，请与本社联系调换：（010）81211666
我社将与版权执法机关配合，大力打击盗印、销售和使用盗版图书活动，敬请广大读者协助举报，经查实将给予举报者奖励。
举报电话：（010）64954652

前　言

为加快建立劳动者终身职业技能培训制度，全面推行职业技能等级制度，推进技能人才评价制度改革，促进职业培训包制度与职业技能等级认定制度的有效衔接，进一步规范培训管理，提高培训质量，中国就业培训技术指导中心、人力资源和社会保障部职业技能鉴定中心组织有关专家在《区块链应用操作员国家职业技能标准（2021年版）》（以下简称《标准》）制定工作基础上，编写了区块链应用操作员职业技能等级认定培训教程（以下简称等级教程）。

区块链应用操作员等级教程紧贴《标准》要求编写，内容上突出职业能力优先的编写原则，结构上按照职业功能模块分级别编写。该等级教程共包括《区块链应用操作员（基础知识）》《区块链应用操作员（四级）》《区块链应用操作员（三级）》《区块链应用操作员（二级　一级）》4本。《区块链应用操作员（基础知识）》是各级别区块链应用操作员均需掌握的基础知识，其他各级别教程内容分别包括各级别区块链应用操作员应掌握的理论知识和操作技能。

本书是区块链应用操作员等级教程中的一本，是职业技能等级认定推荐教程，也是职业技能等级认定题库开发的重要依据，已纳入职业培训包教材资源，适用于职业技能等级认定培训和中短期职业技能培训。

本书在编写过程中得到中国电子商会、北京智谷星图科技有限公司、重庆电子工程职业学院、广州番禺职业技术学院、温州职业技术学院等单位的大力支持与协助，在此一并表示衷心感谢。

中国就业培训技术指导中心
人力资源和社会保障部职业技能鉴定中心

目 录 CONTENTS

职业模块 1　职业道德 ··· 1
　培训课程 1　职业道德基本知识 ··· 3
　培训课程 2　职业认知 ·· 6

职业模块 2　计算机基础知识 ··· 9
　培训课程 1　计算机及网络原理与应用 ····································· 11
　培训课程 2　云平台与数据库概述 ·· 16
　培训课程 3　互联网和信息化发展概述 ····································· 21
　　学习单元 1　互联网的发展历程及信息技术发展的历史 ············· 21
　　学习单元 2　新一代信息技术及应用展望 ······························ 24

职业模块 3　区块链基础知识 ··· 27
　培训课程 1　区块链概述 ··· 29
　　学习单元 1　区块链发展概述及其类型和特征 ························ 29
　　学习单元 2　区块链的常见技术架构 ···································· 33
　　学习单元 3　区块链的常见应用 ·· 36
　　学习单元 4　区块链应用系统的价值与区块链数据的分析方法 ···· 47
　　学习单元 5　区块链的发展趋势和面临的挑战 ························ 50
　培训课程 2　密码学的技术与应用 ·· 53
　　学习单元 1　密码学的技术 ··· 53
　　学习单元 2　密码学的应用 ··· 56
　　学习单元 3　密码学的发展趋势和展望 ································· 63
　培训课程 3　分布式系统技术与应用 ·· 69
　　学习单元 1　分布式系统概述 ·· 69
　　学习单元 2　分布式系统的应用 ··· 71

职业模块 4　区块链应用操作常用知识 ……………………………… 75

　培训课程 1　文档写作的一般要求 …………………………………… 77
　　学习单元 1　需求文档的写作要求 ………………………………… 77
　　学习单元 2　设计文档和操作文档的写作要求 …………………… 82
　　学习单元 3　测试文档和运维文档的写作要求 …………………… 84
　　学习单元 4　项目管理文档的写作要求 …………………………… 90
　培训课程 2　区块链中的英文专业术语 ……………………………… 97
　培训课程 3　区块链相关政策、行业规范 …………………………… 111
　　学习单元 1　区块链相关政策 ……………………………………… 111
　　学习单元 2　区块链相关标准 ……………………………………… 114
　　学习单元 3　新发布标准重点解读 ………………………………… 116

职业模块 5　相关法律、法规知识 ……………………………………… 127

　培训课程 1　法律、法规知识 ………………………………………… 129
　　学习单元 1　《中华人民共和国劳动法》相关知识 ……………… 129
　　学习单元 2　《中华人民共和国劳动合同法》相关知识 ………… 132
　　学习单元 3　《中华人民共和国网络安全法》相关知识 ………… 135
　　学习单元 4　《中华人民共和国密码法》相关知识 ……………… 143
　培训课程 2　行业相关文件及公告 …………………………………… 148
　　学习单元 1　《关于防范比特币风险的通知》相关知识 ………… 148
　　学习单元 2　《关于防范代币发行融资风险的公告》相关知识 …… 151
　　学习单元 3　《关于继续警惕投资虚拟货币市场的风险提示》相关知识 … 152

职业模块 ① 职业道德

培训课程1　职业道德基本知识

培训课程2　职业认知

培训课程 1
职业道德基本知识

一、职业道德的定义与作用

1. 职业道德的定义

职业道德是指人们在职业生活中应遵守的基本道德，是职业品德、职业纪律、专业胜任能力及职业责任等的总称，属于自律范畴，通过公约、守则等对职业生活中的某些方面进行规范。

2. 职业道德的作用

职业道德是社会道德体系的重要组成部分，它一方面具有社会道德的一般作用，另一方面又具有自身的独特作用，主要表现在以下几点。

（1）调节职业交往中从业人员内部以及从业人员与服务对象间的关系

职业道德的基本职能就是调节职能。它一方面运用职业道德规范约束职业内部人员的行为，保证职业内部人员的团结协作（如职业道德规范要求各行各业的从业人员都要团结、爱岗、敬业、齐心协力地服务本行业、职业）。另一方面，职业道德又可以调节从业人员和服务对象之间的关系（如职业道德规定了产品制造者如何对用户负责，销售人员如何对顾客负责，大夫如何对病人负责，教师如何对学生负责等）。

（2）有助于维护和提高本行业的信誉

一个行业、一个企业的声誉，是指企业及其产品与服务在社会中的受信任程度，提供较高的产品质量和服务质量可以提高企业的信誉度，而从业人员拥有较高职业道德水平是保证产品质量和服务质量的有效前提之一。

（3）促进本行业的发展

行业、企业的发展离不开经济效益，而企业的经济效益受企业员工素质的影响。员工素质主要包括知识、能力、责任心三个方面，其中责任心是最重要的，而职业道德水平高的从业人员有着很强烈的责任心。所以，职业道德能促进本行业的健康发展。

（4）有助于提高全社会的道德水平

职业道德是社会道德的主要内容，其不仅涉及每个从业者如何对待职业和工作，也是一个从业人员的生活态度、价值观念的呈现，是一个人的道德意识、道德行为的表现。同时，职业道德也是一个职业集体甚至一个行业全体人员的行为表现。所以，优良的职业道德，对整个社会道德水平有着举足轻重的影响。

二、区块链应用操作员的职业道德

区块链应用操作员应遵循以下职业道德规范。

1. 忠于职守、坚持原则

每个行业的工作人员都要忠于职守，这是职业道德的一条主要规范。作为区块链应用操作员，要忠于本职业的工作岗位，认真执行本职业的各项职责。区块链应用操作员要有强烈的事业心和责任感，注重社会主义精神文明建设。

2. 兢兢业业、吃苦耐劳

区块链应用操作员的工作性质决定了从业人员不仅要在理论上有一定的成就，还要具有实干精神。在具体而紧张的各项工作之中，保持任劳任怨的精神。

3. 谦虚谨慎、办事公道

区块链应用操作员要谦虚谨慎、公正做事，对领导和群众要视同一律、平等相待。千万不能因人而异，更不能趋炎附势。

4. 遵纪守法、廉洁奉公

遵纪守法、廉洁奉公是区块链应用操作员职业活动的基本准则。遵纪守法指的是区块链应用操作员要遵守职业纪律和与职业活动相关的法律、法规，遵守商业道德。廉洁奉公是区块链应用操作员应具有的思想道德品质和行为准则，它要求区块链应用操作员在职业活动中坚持原则，以国家、人民和单位整体利益为重，坚决抵制歪风邪气。

5. 恪守信用、严守机密

区块链应用操作员必须恪守信用，不仅要维护自己的个人信用，还要维护企业的商业信用。在商务活动中，区块链应用操作员应当严格按照合同办事。通过网络安排的各种活动，自己要事先做好准备工作，以免造成不良后果。

严守机密是区块链应用操作员的重要素质。区块链应用操作员掌握的机密较多，尤其是商业机密。所以，区块链应用操作员必须具备严守机密的职业道德，防止机密泄露。发现盗窃机密的行为要坚决制止，并及时报告公安机关和保密部门。

6. 实事求是、工作认真

区块链应用操作员要踏踏实实工作，坚持实践是检验真理的唯一标准。区块链应用操作员工作的各个环节都要准确、如实地反映客观实际，无论是搜集信息，还是提供意见、拟写文件，都要坚持实事求是，分析问题必须从客观实际出发。

7. 刻苦学习、勇于创新

区块链应用操作员工作内容庞杂、涉及面广，且现代社会科学技术的发展突飞猛进，区块链应用操作员必须掌握一定科学文化知识才能胜任工作。作为区块链应用操作员，具有良好的素质是做好工作的一个重要前提。因此，区块链应用操作员必须勤奋学习，努力提升自身的思想素质和业务水平。

现在各行各业的劳动者都在致力于开创新的工作局面，作为复合型人才的区块链应用操作员更应具有强烈的创新意识和精神，要勇于创新，不空谈、重实干，走出新路子。

8. 钻研业务、爱岗敬业

从长远的角度出发，区块链应用操作员必须了解和熟悉与自身职业有直接或间接关系的领域中取得的新成果，这样才能更好地掌握区块链应用操作员日常工作中的各项技术手段。

区块链应用操作员要根据工作内容和形势发展的需要，掌握电子商务交易所需技能，如计算机技能、网络技能、电子支付技能等。同时，区块链应用操作员应掌握电子商务交易中的各种管理知识，将网络技术与商业管理结合起来，提升企业的经济效益。

培训课程 2 职业认知

一、区块链应用操作员的职业认知

1. 职业定义

区块链应用操作员是运用区块链技术及工具，从事政务、金融、医疗、教育、养老等场景系统应用操作的人员。

2. 职业技能等级

本职业共设四个等级，分别为：四级/中级工、三级/高级工、二级/技师、一级/高级技师。

3. 职业能力特征

具有学习、理解、沟通、分析、判断和解决问题的能力。

4. 基本要求

（1）职业道德

详见培训课程1职业道德的定义与作用。

（2）基础知识

1）计算机基础知识，包括计算机及网络原理与应用、云平台与数据库概述、互联网和信息化发展概述。

2）区块链基础知识，包括区块链发展概述、密码学技术与应用、分布式系统技术与应用、区块链常用技术框架、区块链应用系统结构、区块链应用系统价值分析。

3）区块链应用操作常用知识，包括文档写作的一般要求、区块链中英文专业术语、区块链相关政策与行业规范。

4）相关法律、法规知识，包括《中华人民共和国劳动法》相关知识、《中华人民共和国劳动合同法》相关知识、《中华人民共和国网络安全法》相关知识、《中华人民共和国密码法》相关知识，以及其他相关行业法律法规。

5）工作任务

①分析、研究在区块链应用场景下的用户需求。

②设计系统应用的方案、流程、模型等。

③运用相关应用开发框架协助完成系统开发。

④测试系统的功能性、安全性、稳定性等。

⑤操作区块链服务平台上的系统应用。

⑥负责系统应用的监控、运维工作。

⑦收集、汇总系统应用操作中的问题。

二、区块链应用操作员的就业方向

1. 区块链开发人员

区块链开发人员在区块链领域拥有巨大的发展空间。金融服务以及科技企业都在积极寻求利用区块链技术为客户提高服务体验的新型方案。区块链开发人员需要掌握的技术性技能包括 Microsoft SQL Server、Visual Studio、.NET、MVC、AJAX、SQL、C语言、C++、C#、Java、Python、Go、Node.js、jQuery、SOAP、REST、FTP、HTML、XML、XSLT、Xcode、人工神经网络、回归分析、Scrum 以及 MySQL 等。

2. 区块链工程师

区块链工程师必须详细掌握企业的技术需求，同时创建出适应这些需求的区块链应用程序。区块链工程师应精通以下技术性技能：Java、FISCO BCOS、Hyperledger Fabric、Ripple、Solidity、Python 以及 Go 等。

3. 区块链项目经理

区块链项目经理的职责在于帮助企业将业务需求转换为技术语言，同时将区块链开发人员的技术语言转换为更易于理解的普通用语。

职业模块 ❷ 计算机基础知识

培训课程1　计算机及网络原理与应用

培训课程2　云平台与数据库概述

培训课程3　互联网和信息化发展概述

　　学习单元1　互联网的发展历程及信息技术发展的历史

　　学习单元2　新一代信息技术及应用展望

培训课程 1
计算机及网络原理与应用

一、计算机及网络的产生与发展

1946年,第一台真正意义上的电子计算机在美国的宾夕法尼亚大学问世。随着科学技术的迅速发展,计算机的体积越来越小,性能也越来越高,同时逐步发展出基于网络的计算集群技术。计算机的功能也由单纯的计算功能,扩展到生产和生活的各个领域。

计算机网络是利用通信线路将地理位置不同的具有独立功能的多台计算机及其外部设备有效地连接和组合起来,在网络操作系统、网络管理软件及网络通信协议的管理和协调下,实现资源共享和信息传递的信息处理平台。

可将计算机网络的发展历史概括为以下四个阶段。

第一阶段是20世纪60年代初期,这个阶段计算机网络刚刚诞生,其结构非常简单,通过远程终端与主机连接,可实现两者之间的通信,但是终端和终端、终端和子网之间都无法通信。

第二阶段是20世纪60年代中期,这个阶段被称为局域网阶段,局域网络作为一种新型的计算机体系结构开始进入产业部门。局域网技术是从远程分组交换通信网络和I/O总线结构计算机系统派生出来的,其快速发展奠定了网络快速发展的基础。从这一时期开始,从主机到多个终端机的网络系统逐步形成,从而实现多主机间的数据传输,从一台计算机处理多个任务,发展为多台计算机分布式处理任务,并最终得到返回结果。这个阶段计算机和网络已经完全融为一体,"网络就是计算机"的说法在业界广泛流传。

第三阶段是20世纪70年代到80年代,计算机网络逐步发展成为广域网。随着网络技术的快速发展,更大范围内的计算机与计算机以及网络与网络之间的互连得以实现。这一阶段，各种局域网、广域网不断出现，大大促进了网络技术的发展，计算机生产厂商，如IBM、微软、思科等，也开始开发自己的计算机网络系统。

第四阶段即信息高速公路时代，20世纪90年代中期开始，计算机网络以惊人的速度向高速、多业务和大数据量的方向发展。信息高速公路发展带来了巨大的经济和社会效益，它开始改变人们观察世界的方式，缩短地域之间的距离，形成频繁交往的新型社会，对人类社会的影响将远远超过以往任何一次科技革命。

从逻辑功能上看，计算机网络以传输信息为目的，关键是通过传输介质及通信设备为用户实现资源共享和信息传递。

二、计算机及网络的原理和功能

1. 计算机及网络的原理

计算机网络主要是由主机或服务器、计算终端和通信网络组成。计算机网络按照国际标准模型，主要由以下七层构成。

（1）物理层

物理层为连接网络的物理设备，是传输数据所需要的最基础条件，主要包括通信光缆、电缆、交换机、路由器等。

（2）链路层

链路层即在通信的实体间建立数据链路连接，主要是规定通信协议，定义了在单个链路上如何传输数据。数据链路层主要有两个功能，即帧编码和误差纠正控制。

（3）网络层

网络层为数据在节点之间传输创建逻辑链路，并分组转发数据，通过网卡中的地址，找到这台计算机的唯一IP地址，IP地址相当于人的身份证，每台计算机的IP地址都是唯一的。

（4）传输层

传输层主要通过传输控制协议（transmission control protocol，TCP）和用户数据报协议（user datagram protocol，UDP）进行各种各样的数据传输，提供了应用进程之间的逻辑通信。传输层属于面向通信部分的最高层，向上面的应用层提供通信服务，也是用户功能中的最底层。

（5）会话层

会话层通过建立端连接并提供访问验证和会话管理实现网络中两个点之间进

行的通信，在发送方和接收方之间进行通信时创建、维持、终止或断开连接，从而实现计算机之间进行消息或协议数据单元的交换。

（6）表示层

表示层提供数据格式转换服务，定义数据格式及加密，为上层用户提供共同的数据或信息的语法表示变换。通常情况下，文件传输协议采用二进制或 ASCII 格式进行传输。如果选择二进制进行传输，那么发送方和接收方都不需要文件的编码格式。如果选择 ASCII 格式，发送方需要将文本转化为 ASCII 的格式，接收方再将标准的 ASCII 格式转换成接收方计算机的字符集。

（7）应用层

应用层是开放系统的最高层，是访问网络服务的接口，直接为应用进程提供服务。其作用是在实现多个系统应用进程相互通信的同时，完成一系列业务处理所需的服务。从应用层看通信，应该是两个通信端点进程之间的逻辑连接。

2. 计算机网络的功能

计算机网络的功能主要体现在三个方面：信息交换、资源共享、分布式处理。

（1）信息交换

信息交换是计算机网络最基本的功能，主要完成计算机网络中各个节点之间的通信任务。例如浏览网页、收发电子邮件、参加远程教育、开展电子商务、观看视频和收听音乐等。

（2）资源共享

通过计算机网络，可以实现网络平台上的所有要素，包括计算设备、存储资源、打印设备、显示设备、声音播放设备、视频监控设备、物联网终端等软、硬件资源共享的目的。

（3）分布式处理

分布式处理即计算机网络将不同地点的，具有不同功能或拥有不同数据的多台计算机连接起来，在控制系统的统一管理控制下，协调完成信息处理任务。分布式处理能大大提升计算效率，提高资源利用率并节约成本。

三、计算机和网络的应用

1. 现代企业的应用

计算机网络的发展和应用改变了传统企业的管理模式和经营模式。专门用于企业内部信息管理的计算机网络，可覆盖企业生产经营管理的各个部门，在整个企业范围内提供硬件、软件和信息资源共享。

企业信息网络可以根据企业经营管理的地理分布状况建设，可以是局域网，也可以是广域网，既可以在小范围内自行铺设网络传输介质，又可以跨区域利用公共通信网络。

企业信息网络已经成为现代企业的重要特征，通过企业信息网络，现代企业可以对广泛分布在各地的业务进行及时、统一的管理和控制，并实现在全企业内部的信息资源共享，从而显著提高企业在市场中的竞争能力。

2. 娱乐领域的应用

目前，远隔千山万水的玩家可以把自己置身于网络游戏所营造的虚拟现实环境中相互博弈。在虚拟现实环境中，游戏通过特殊装备为玩家营造身临其境的感受，让人们的生活更丰富多彩。

计算机网络的应用还改变了人们对电视节目的印象。网络电视的出现给人们带来了一种全新的电视观看方式，人们终于能够完全控制电视，摆脱频道和播出日程表的束缚，实现电视以网络为基础按需观看、随看随停的便捷方式。

3. 商业领域的应用

电子商务可以降低经营成本，简化交易流通过程，改善物流、资金流、商品流、信息流的环境与系统，带动物流业的发展。我国电子商务经过十几年时间，从萌芽状态发展为初具规模的产业，网商、网企、网银等专业化服务从业人员数量呈几何级增长，在促进现代服务业融合、推进创业、完善商务环境等方面所起到的作用越来越明显。

2013年，我国电子商务交易额超过10万亿元。到2021年，我国电商交易额已超过40万亿元，网络用户规模达8.12亿人。网购理念的普及以及电商对于网购服务的改善，使得电子商务形成规模浩大的经济体，并与实体经济一起带动社会发展进步。

4. 教育领域的应用

在传统的教学模式中，学生只是被动地接受知识，俗称"填鸭式教育"。计算机网络的发展好处在于，从教育管理、后勤服务再到教师教学、学生自主学习，都能够在计算机网络上进行。通过网络技术的运用，能增强学生获取、加工、利用信息的能力，丰富师生交流互动的方式，培养学生解决实际问题的能力，改变了传统教学模式，去除"填鸭式教育"的弊端。

5. 现代医疗领域的应用

计算机网络技术发展改变了医疗领域以往的工作流程。建设信息化医院，使得医疗信息高度共享，减轻医务人员的劳动强度，优化患者诊疗流程并提高对患者的治疗速度。

6. 智慧城市领域的应用

智慧城市通过对物联网基础设施、云计算基础设施、地理空间基础设施等新一代信息技术以及社交网络、微观装配实验室（Fab Lab）、生活实验室（Living Lab）等工具和方法的应用，实现全面透彻的感知、宽带泛在的互联、智能融合的应用。

培训课程 2

云平台与数据库概述

一、云平台简介

1. 云平台基本概念

（1）云计算

云计算是对传统计算机网络的进一步升级，实际上就是将计算机网络上的服务器进行虚拟化，是一种高度融合的技术。云计算以网络载体与虚拟化技术为基础，通过基础平台构建提供服务。云计算使用非常灵活，企业不用购买软硬件设施，在云计算服务商便可享受服务。

（2）云存储

云存储是指利用集群应用、网格技术或分布式文件系统等功能，通过应用软件将网络中大量不同类型的存储设备集合起来进行协同工作，为用户提供数据存储和业务访问功能的系统。

云存储可以分为公共云存储（公有云）、私有云存储（私有云）和混合云存储（混合云）。云存储具有可扩展性、节约成本、安全性高等优势，目前已经被大多数人接受。

（3）云服务

云服务是指能够提供服务的云计算产品。云服务拥有较快的访问速度，操作升级比较便捷，处理能力安全可靠，计算服务还可以自由扩展，储存比较方便，各种数据都可以在云服务器上备份。另外，云服务拥有着较高的安全性和稳定性，更具有性价比，可以按需付费，节约了经济成本。

2. 云平台架构

云平台主要分为资源层、虚拟层、中间件层和应用层。

（1）资源层

资源层由服务器集群组成，利用分布式处理技术，将不同的服务器统一调度起来，大大提高了计算效率并降低了成本。在使用传统服务器时，如果想要提供高质量服务，必须提高服务器性能（内存和中央处理器性能更强、磁盘空间更大且读写更快），这导致投入的成本更高。而资源层服务器集群，即便是使用性能不太好的服务器，依然可以提供高效可靠的服务。

（2）虚拟层

虚拟层是在物理机集群的基础上建立的，能够让云计算的资源利用率达到最高点。随着使用时间的增加，物理机的内存利用率会逐渐降低，为了降低资源成本，可以在物理机上独立开辟虚拟机对应用请求进行处理，每台虚拟机都相当于一个小型服务器，可独立处理应用请求，最大化资源利用率。

（3）中间件层

中间件层是云平台的核心层，其主要功能包括对虚拟机池资源状态进行监测、预警、优化决策等。首先，中间件层可以实时监测所有虚拟机的CPU、内存等使用情况，以便根据应用规模的大小进行智能决策。其次，中间件层可以根据当前虚拟机资源使用情况，有效地预测下一秒用户请求量，并做出相应资源调整。最后，当出现异常时，虚拟机要进行资源迁移、伸缩，由于需要对应用进行响应处理，中间件层可以优化决策，进行科学有效的资源调度。

（4）应用层

应用层的作用是为用户提供可视化界面，要求其一方面为用户提供交互界面，另一方面尽可能降低资源成本，提高CPU、内存等利用率。云平台应用层构架的建立可以将物理资源虚拟化为虚拟机资源池，灵活调用软硬件资源，实现数字化技术升级和内容创新，实现对用户的按需访问，实时迁移虚拟机资源。

二、数据库系统简介

1. 数据库基本概念

（1）数据库

数据库（Database）指长期存储在计算机内的、有组织的、可共享的数据集合，通俗来讲，数据库就是存储数据的地方。在日常生活中，人们经常使用数据库。当人们在电话簿里查找名字时，就是在使用数据库；平时人们登录网络，需要依靠数据库验证自己的名字和密码；人们在使用ATM机时，也要利用数据库进行个人身份识别码验证和余额检查。

数据库实际是一个存储数据的仓库，是一个按照特定的格式把数据存储起来的文件系统，用户可以对存储的数据进行增删、修改和查询操作。

（2）数据库管理系统

数据库管理系统（database management system，DBMS）是数据库系统的核心软件之一，是位于用户与操作系统之间的数据管理软件，用于建立、使用和维护数据库。它的主要功能包括数据定义、数据操作、数据库的运行管理、数据库的建立和维护等。

2. 为什么要使用数据库

随着互联网技术的高速发展和网民数量的增加，带动了网上购物和网络视频等产业的发展。同时，也产生了庞大的网络数据量。

大量的数据正在不断产生，那么如何安全有效地存储、检索以及管理它们呢？于是数据的有效存储、高效访问、方便共享和安全控制等就成了信息时代人们要面临的重要问题。

使用数据库可以高效且条理分明地存储数据，并使人们能够更加迅速和方便地管理数据，主要体现在以下几个方面。

（1）数据库可以结构化存储大量的数据信息，方便用户进行有效检索和访问。例如，人们平时使用搜索引擎搜索内容时，搜索引擎也是基于数据库和数据分类技术来达到快速搜索目的的。

（2）数据库可以有效地保持数据信息的一致性、完整性，降低数据冗余，可以很好地保证数据有效性和安全性，而且数据库自身有避免数据重复的功能，提高效率。

（3）数据库可以满足应用的共享和安全方面的要求，把数据放在数据库中在很多情况下也是出于安全考虑。例如，如果把员工信息和工资数据放在数据库中，就可以只允许员工查询和修改自身信息，而工资信息只允许指定人员（如财务人员）查看，从而保证数据的安全性。

（4）数据库技术便于进行智能化分析，产生新的有用信息。例如，超市通过分析保存在数据库中的物品销售信息，可以得出每个月的销售情况并确定进货数量。

三、数据库分类

数据库主要分为关系型数据库和非关系型数据库。

1. 关系型数据库

关系型数据库是建立在关系模型基础上的数据库，借助于集合代数等数学概念和方法来处理数据库中的数据。简单来说，关系型数据库是由多张能互相连接的表组成的数据库。

（1）优点

1）格式一致，易于维护。

2）使用通用的 SQL（structured query language，结构化查询语言）操作，使用方便，可用于复杂查询。

3）数据存储在磁盘中，相对安全。

（2）缺点

1）读写性能比较差，不能满足海量数据的高效率读写。

2）比较占用存储空间。因为数据库建立在关系模型上，需要遵循某些规则，比如数据库中某字段值即使为空仍要分配空间。

3）固定的表结构，灵活度较低。

常见的关系型数据库有 Oracle、DB2、PostgreSQL、Microsoft SQL Server、Microsoft Access 和 MySQL 等。

2. 非关系型数据库

非关系型数据库又被称为 NoSQL（not only SQL），意为不仅仅是 SQL。通常指数据以对象的形式存储在数据库中，而对象之间的关系通过每个对象自身的属性来决定。

（1）优点

非关系型数据库存储数据的格式可以是 key-value 形式、文档形式、图片形式等。使用灵活，应用场景广泛。

NoSQL 可以使用硬盘或随机存储器作为载体，速度快，效率高。

海量数据的维护和处理非常轻松。

非关系型数据库具有扩展简单、高并发、高稳定性、成本低廉的优势。

可以实现数据的分布式处理。

（2）缺点

非关系型数据库暂时不提供 SQL 支持，学习和使用成本较高。

非关系型数据库没有事务处理能力，没有保证数据的完整性和安全性的功能。适合处理海量数据，但不能完全保障数据安全。

非关系型数据库的功能没有关系型数据库完善。

常见的非关系型数据库有 Neo4j、MongoDB、Redis、Memcached、MemcacheDB 和 HBase 等。

培训课程 3 互联网和信息化发展概述

学习单元 1　互联网的发展历程及信息技术发展的历史

一、互联网的发展历程

互联网的发展对社会产生了巨大的影响，包括商业、金融、健康、教育、政治、休闲等诸多领域。如今，互联网越来越成为我们日常生活中不可或缺的一部分，且已经成为一个用途广泛的多面工具。在互联网的帮助下，人们能够很容易地与朋友保持联系，发表自己的文章或搜索信息等。

1. 互联网的诞生

互联网诞生于 20 世纪 50 年代的美国，当时美国国防部高级研究计划署（Advanced Research Project Agency，ARPA）被委托建立一个安全的网络连接中心。这一战略需求导致了分布式网络的发展，在这种情况下，即使失去一个或多个部分，网络连接也能继续工作。这个网络被称为"阿帕网"，是互联网的前身。

到了 20 世纪 70 年代，阿帕网已经包括几十个计算机网络，为了实现不同网络之间的互联互通，研究人员们开发了传输控制协议/网际协议（transmission control protocol/internet protocol，TCP/IP），互联互通的网络便被称为"Internet"，即互联网（也被称为"因特网"）。

如今，"Internet"（因特网）和"world wide web"（万维网）经常互换使用，但它们在本质上是有所区别的。因特网是全世界计算机的物理网络，万维网是由超链接（或"链接"）连接的网站组成的虚拟网络。网站存储在互联网的服务器上，所以万维网是互联网的一部分。

2. 互联网的快速发展

在整个 20 世纪 80 年代，互联网逐渐变得流行起来，各大电信公司意识到互联网的巨大商业潜力，开始大量投资网络基础设施，以减少技术和硬件障碍，使用户能够使用互联网。

以下是迄今为止互联网历史上的一些里程碑。

1984 年：引入了域名系统（domain name system，DNS），允许将有意义的名称分配给 Internet 上的主机，而不是使用数字地址。

1989 年：万维网的雏形出现，并先后诞生了超文本链接置标语言（hypertext markup language，HTML）和超文本传送协议（hypertext transfer protocol，HTTP）。

1991 年：第一个 Web 浏览器和 Web 页面诞生。该页面允许更多人构建属于自己的站点。

1993 年：Mosaic 浏览器发布，这是互联网历史上第一个被普遍使用并能够显示图片的网页浏览器。

1995 年：安全套接字层（secure socket layer，SSL）加密技术由 Netscape 公司率先采用，这项技术使网上使用信用卡进行交易变得更加安全。这一创新帮助电子商务找到了立足点，激发出了网络公司的盈利潜力。同年，拍卖网站 eBay 创建，亚马逊网站也正式上线，微软发布了 ie 浏览器。

1998 年：因特网编号分配机构（Internet assigned numbers authority，IANA）成立，负责对 IP 地址分配进行规划，并对 TCP/UDP 公共端口进行定义。

3. 信息高速公路

信息高速公路就是把信息的快速传输比喻为"高速公路"。其速度之快，比常规网络的传输速度高 1 万倍；其容量之大，一条信道就能传输大约 500 个电视频道或 50 万路电话。此外，信息来源、内容和形式也是多种多样的。网络用户可以在任何时间、任何地点以声音、数据、图像或影像等多媒体方式相互传递信息。

中国传媒大学新媒体研究院院长赵子忠教授认为，信息高速公路狭义上，是对数字信息网络的形象比喻，指基于交互宽带网络的信息基础设施；广义上，是数字信息时代的一种理念，是海量的数字信息通过多个通道、多种终端进行传送和接收的体系。

构成信息高速公路的核心，是以光缆作为信息传输的主干线，采用支线光纤和多媒体终端，用交互方式传输数据、电视、语音、图像等多种形式信息的千兆比特的高速数据网。

信息高速公路的建成，改变了人们的生活、工作和相互沟通方式，提高了工作质量和效率，使人们可以遥控医疗，实施远程教育，举行视频会议，实现网上购物等。

4. 大数据时代

大数据的产生实际上是互联网的重要作用之一，人类过去所有时代的数据总和以及信息的爆炸性增长催生了很多与互联网息息相关的领域，如大数据、区块链技术、人工智能等。大数据是为了实现用户信息利益最大化，区块链技术是为了解决数据溯源，人工智能是大数据的未来形态。

二、信息技术发展的历史

信息技术（information technology，IT）是以微电子和光电技术为基础，以计算机和通信技术为支撑，以信息处理技术为主题的技术系统的总称，是一门综合性的技术。

1946年，美国宾夕法尼亚大学的约翰·埃克特（John Presper Eckert）和约翰·莫奇利（John Mauchly）研制出世界上第一台电子计算机ENIAC，标志着第一代电子计算机——电子管计算机的诞生。

1956年，第二代电子计算机——晶体管电子计算机诞生。

1959年，第三代电子计算机——集成电路计算机诞生。

1976年，由大规模集成电路和超大规模集成电路制成的ILLIAC-IV计算机标志着计算机进入了第四代。

20世纪80年代末，多媒体技术的兴起使计算机具备了综合处理文字、声音、图像、影视等各种形式信息的能力。

20世纪90年代，计算机向"智能"方向发展，可以进行思维、学习、记忆、网络通信等工作。

进入21世纪，计算机开始便携化、微型化和专业化，极大地减轻了人们的脑力劳动工作。

学习单元 2　新一代信息技术及应用展望

一、新一代信息技术概念

新一代信息技术产业是国家主要推行的七大战略性新兴产业之一，新一代信息技术主要包括云计算、大数据、物联网、人工智能、区块链等。

我国在新一代信息技术发展方面的人才需求量大，对人才的素质要求高。因此，高校应该加速培养合格人才。

在新一代信息技术发展的推动下，我国已经迈入数字经济时代，截至 2018 年底，我国数字经济规模达到 31 万亿元，约占国内生产总值的三分之一。

以数字经济为代表的新经济将成为发展新动能。随着我国新旧动能加快转换，云计算、大数据、人工智能等新一代信息技术将加速渗透经济和社会生活各个领域，软件产业服务化、平台化、融合化趋势更加明显。

二、新一代信息技术产业发展新趋势

1. "数字经济"将成为新一代信息技术产业的创新引擎

新一代信息技术产业的发展会使数字经济进入一个新的发展阶段，即一个由"公共云＋数据＋人工智能＋物联网"组成的广义数字经济：公共云成为基础设施，数据成为生产资料，人工智能成为新的创新引擎，物联网成为互联网智能化技术与实体经济的黏合剂。

2. 人工智能将成为新一代信息产业的新战场

新一代信息技术是以人工智能为代表的泛技术，人工智能已经成为全球高科技企业之间的新战场，竞争将会非常激烈。在新一轮的竞争中，中国的挑战是如何从市场规模领先转变为技术领先。全球市场中有非常多的机遇，尤其是中国的互联网科技和人工智能，很有可能在"一带一路"倡议所涉及的国家获得巨大的成功。

3. 产业经济载体向大工程与大平台升级迈进

2018 年以来，流行着"新四大发明"的说法，分别是网购、高铁、移动支付和共享单车。"新四大发明"体现了中国的两种创新模式，一种是大工程模式，另一种是大平台模式。

大工程模式：高铁、航母等重大的工程承载着国家的战略价值，是中国经济发展的制度优势体现。

大平台模式：中国在移动互联网时代创造了借助互联网的大平台模式，其产物包括淘宝、支付宝和微信等。这种模式充分利用了人口红利、网络红利、数据红利和智能手机的普及率。

技术的发展带来了智能化技术的集聚爆发和各行各业的场景革命两个趋势。在人工智能与相关芯片、物联网技术等方面，需要"产、学、研"联动的一体化"大工程"模式，而在智能化技术与各行各业融合方面，需要一种开放的平台模式以进行"场景化创新"。

三、新一代信息技术应用展望

当前，我国在全球新一代信息技术领域已经占据一席之地，产业规模体量全球领先。下一步，新一代信息技术产业发展应加快由大到强的转变。一方面，要继续突出新技术供给和新产业发展，做强集成电路等信息技术领域的核心产业，强化人工智能、区块链、量子通信、5G移动通信等技术攻关。另一方面，要强化新技术、新业态、新模式对生产、流通、分配等经济活动的改造，使数字化的研发、生产、交换、消费成为主流，形成数字经济发展新动能。

云计算、大数据、物联网、移动互联网、人工智能等新一代信息技术的发展，正加速推进全球产业分工深化和经济结构调整。我国应抓住全球信息技术和产业新一轮分化和重组的重大机遇，全力打造核心技术产业生态，进一步推动前沿技术突破，实现产业链、价值链和创新链等各环节协调发展，推动我国数字经济发展迈上新台阶。

职业模块 3 区块链基础知识

培训课程 1　区块链概述
　　学习单元 1　区块链发展概述及其类型和特征
　　学习单元 2　区块链的常见技术架构
　　学习单元 3　区块链的常见应用
　　学习单元 4　区块链应用系统的价值与区块链数据的分析方法
　　学习单元 5　区块链的发展趋势和面临的挑战

培训课程 2　密码学的技术与应用
　　学习单元 1　密码学的技术
　　学习单元 2　密码学的应用
　　学习单元 3　密码学的发展趋势和展望

培训课程 3　分布式系统技术与应用
　　学习单元 1　分布式系统概述
　　学习单元 2　分布式系统的应用

培训课程 1

区块链概述

学习单元 1　区块链发展概述及其类型和特征

一、区块链的概念

区块链，就是一个又一个区块组成的链条。每一个区块中保存了一定的信息，它们按照各自产生的时间顺序连接成链条。这个链条被保存在所有的服务器中，只要整个系统中有一台服务器可以工作，整条区块链就是安全的。

区块链以思维创新、环境创新和发展创新带动管理创新，拥有透明、难以篡改、分布式记账、点对点传输等特点。通过在区块链上设置规则，利用区块链难以篡改的特性，可提高交易的精度，对涉及公共资源配置的项目进行合理规划、评估以及审核。区块链技术本质上是一种存储技术，它的产生是大数据、云计算和互联网技术发展的必然结果，目前已在多个领域得到初步应用，并逐渐得到大众认可。与传统的数据库等存储技术不同，区块链技术是去中心化的。

区块链是分布式数据存储、点对点传输、共识机制、加密算法等计算机技术的新型应用模式。狭义来讲，区块链是一种按照时间顺序将数据区块相连的方式组合成的一种链式数据结构，并以密码学方式保证的难以篡改和不可伪造的分布式账本。广义来讲，区块链技术是利用块链式数据结构来验证与存储数据，利用分布式节点共识算法来生成和更新数据，利用密码学的方式保证数据传输和访问的安全，利用由自动化脚本代码组成的智能合约来编程和操作数据的一种全新的分布式基础架构与计算方式。

二、区块链的起源

2008 年，日裔美国人中本聪发表了一篇论文，阐述了基于 P2P（peer-to-peer 的缩写，意即"个人对个人"）网络技术、加密技术、时间戳技术、区块链技术等的电子现金系统的构架理念，这标志着比特币的诞生，而区块链就是比特币的底层技术之一。

2009 年 1 月 3 日，序号为 0 的创世区块诞生。

2009 年 1 月 9 日，序号为 1 的区块出现，并与序号为 0 的创世区块相连接形成了链，标志着区块链的正式诞生。

三、区块链的发展历程

目前，区块链技术已经在从 1.0 时代向 3.0 时代过渡。

1. 区块链 1.0 时代

区块链 1.0 时代被称为区块链货币时代。该时代以比特币为代表，主要是为了解决货币和支付手段的去中心化管理问题。

2. 区块链 2.0 时代

区块链 2.0 时代被称为区块链合约时代。该时代以智能合约为代表，更宏观地为整个互联网应用市场营造去中心化环境，而不仅仅是确保货币的流通。所有的金融交易、数字资产都可以被改造后在区块链上使用，包括股票、私募股权、众筹、债券、对冲基金、期货、期权等金融产品，或数字版权、证明、身份信息、专利等数字记录。

3. 区块链 3.0 时代

区块链 3.0 时代被称为区块链治理时代。该时代是区块链技术和实体经济、实体产业相结合的时代，可将链式记账、智能合约和实体领域结合起来，实现去中心化的自治。

四、区块链的类型和特征

1. 区块链的类型

区块链主要包括公有区块链、行业区块链和私有区块链三种。

（1）公有区块链

公有区块链又称公有链，是指世界上任何个体或者团体都可以发送交易，且交易能够获得该区块链的有效确认，任何人都可以参与其共识过程的区块链。公有区块链是最早、最广泛的区块链，市面上比特币系列的虚拟数字货币均是基于公有链开发的。

公有区块链通常被认为是"完全去中心化"的，因为没有任何个人或者机构可以随意控制或篡改其中的数据。在应用方面，主要包括比特币、以太坊、超级账本、大多数"山寨币"及智能合约。

（2）行业区块链

行业区块链的重点在产业，而不是区块链。当区块链被定义为新基建的一种，人们就看到了一个以行业区块链为代表的新概念的出现。行业区块链由某个群体内部指定的多个预选节点为记账人，每个块的生成由所有的预选节点共同决定（预选节点参与共识过程），其他接入节点可以参与交易。

行业区块链是通过自主可控底层基础设施构建的全新一代价值网络，区块链的应用简化了数据处理的流程，运用区块链技术，通过可信数据这一关键因素，可创新网络应用，加快培育新产品、新模式、新业态，为当前数字经济腾飞插上翅膀。

（3）私有区块链

私有区块链又称私有链，其写入权限仅掌握在某个人或某个组织的手中，对数据的访问以及编写拥有十分严格的权限。除了正常的保护外，私有链可以更严格地控制用户的访问权限控制，同时这种系统仍保留着区块链的真实性和部分去中心化的特性。

从运作方式来看，私有链并不具备区块链的技术优势。但即使私有链会被严格限制，其交易速度却很快，在企业内部使用很方便。私有链的交易速度比其他任何区块链都快，甚至接近并不是一个区块链的常规数据库速度。

在商业领域，私有链常用于某个中心化机构的内部管理。私有链一个很大的优势在于，在系统运行的过程中，一旦出现了问题，就可以通过溯源直接找到原因。

2. 区块链的特征

（1）去中心化

区块链技术的去中心化体现为不依赖额外的第三方管理机构或硬件设施，没有中心管制，而是通过分布式核算和存储，使各个节点实现信息自我验证、传递和管理。去中心化是区块链最突出、最本质的特征。

在区块链时代，去中心化的革命正在上演。无论是 PoW（proof-of-work，工作量证明）、PoS（proof of stake，权益证明），还是 PBFT（practical Byzantine fault tolerance，实用拜占庭容错算法）等，都是去中心化的，只是去中心化的程度和方式不同。区块链性能的核心要素是效率，区块链的应用效率是考核区块链技术的关键点，分布式账本解决了数据和信息账本的去中心化；在通证机制下，采取多链并行是区块链在金融应用上的有效突破；组织结构的去中心化，能对经济快速发展起到极大的助推作用。

区块链本质上是一个去中心化的数据存储系统，使用密码学方法相关联产生的数据块，采用分布式数据存储，以共识机制进行点对点传输的应用模式。

（2）开放性

开放性意味着每个人都可以自由加入区块链并获取所有信息。区块链技术基础是开源的，除了交易各方的私有信息被加密外，区块链的数据对所有人开放，任何人都可以通过公开的接口查询区块链数据和开发相关应用，因此整个系统信息高度透明。区块链的开放性主要体现在三个方面：账目的开放性、组织结构的开放性和生态的开放性。

（3）独立性

由于区块链的去中心化，无论是交易还是交换资金，都无须第三方的批准。基于协商一致的规范和协议，整个区块链系统不依赖第三方，所有节点都能够在系统内自动安全地验证、交换数据，不需要任何人为干预。

（4）安全性

区块链技术的一个特点是难以篡改性，也就是说信息一旦上链，就会被赋予共识性，如果某用户进行信息修改，其他用户对这次修改都不认同或者都不知情，那么这次修改就是无效的。信息的加密是区块链的关键环节，主要应用非对称加密和哈希函数两部分算法。其中，非对称加密部分使用私钥证明节点所有权，通过数字签名实现；哈希函数部分使用哈希算法，把任意长度的输入变换成固定长度的由字母和数字组成的输出，具有不可逆性，从而实现难以篡改。只要不能掌控全部数据节点的 51% 及以上，就无法肆意操控修改网络数据，这使区块链本身变得相对安全，避免了主观人为的数据变更，所以区块链技术才能逐渐被世界各国所接受，并被应用到各个行业。

（5）匿名性

除非有法律规范要求，否则单从技术上来讲，各区块节点的身份信息不需要公开或验证，信息传递可以匿名进行。匿名性是指个人在去个性化的群体中隐藏自己个性的一种操作。匿名性是区块链资产的第二大特点，仅排在去中心化之后。信息在区块链上以匿名的形式出现，就如同个人在网络上用假名隐藏自己一样，以去个性化，减少了可辨性。匿名性具有广阔的运用前景，区块链的匿名性特点在一定程度上很好地保护了用户的隐私。

学习单元2 区块链的常见技术架构

一、技术架构

区块链系统由自下而上的数据层、网络层、共识层、激励层、合约层和应用层组成。

1. 数据层

数据层封装了底层数据区块的链式结构，以及相关的非对称公私钥数据加密技术和时间戳等技术。数据层可理解为数据库，对于区块链而言，这个数据库是不可被篡改的、分布式的，主要可实现数据存储功能和账户、交易的安全功能。

2. 网络层

网络层作为区块链的模型架构之一，其核心目的是要实现区块链网络节点之间的信息交互。网络层包括分布式组网机制、数据传播机制和数据验证机制等，由于采用了完全P2P的组网技术，意味着区块链是具有自动组网功能的。这种P2P组网技术早先被应用于BT（bit torrent，比特流）和eMule（电驴）等P2P下载软件中，也是一种相对来说较成熟的技术。

3. 共识层

共识层封装了共识算法和共识机制，能让高度分散的节点在去中心化的系统中高效地对区块数据的有效性达成共识。共识层主要封装网络节点的各类共识机制算法，共识机制算法是区块链技术的核心技术，决定了到底由谁来进行记账，记账者的选择方式将会影响到整个系统的安全性和可靠性。共识层使用工作量证明的共识机制，保证共识在大多数情况下不会被篡改。区块链共识有两种准入机制，一种是授权共识机制，被称为联盟链；另一种是非授权共识机制，被称为公有链。

4. 激励层

激励层的作用是提供激励措施，鼓励节点参与区块链中的安全验证工作，并将经济因素纳入区块链技术体系中，激励遵守规则参与记账的节点并惩罚不遵守规则的节点。激励层将经济因素集成到区块链技术体系中，主要包括经济激励的发行机制和分配机制等。激励层主要在区块链的公有链当中出现。

5. 合约层

合约层主要封装各类脚本、算法和智能合约，是区块链可编程特性的基础。如果说数据层、网络层和共识层分别承担了区块链底层的数据表示、数据传播和数据验证功能的话，合约层则用于封装各类脚本代码、算法以及更为复杂的智能合约，是区块链系统实现灵活编程和操作数据的基础。

6. 应用层

应用层的核心功能围绕"数据"和"应用"展开，主要是通过云计算平台进行信息处理，实施精确管理和科学决策。应用层位于物联网三层结构中的最顶层，其功能为"处理"，即通过云计算平台进行信息处理。

区块链在金融行业的应用效率是考核区块链技术的关键点，区块链允许创建具有非常具体的功能和指导原则的"胖协议"。通过这个"健壮"的协议层，区块链应用程序可以变得非常"瘦"，同时受益于分散的、不依赖于集中实体的网络。

二、核心技术

1. 分布式账本

分布式账本指的是交易记账由分布在不同地方的多个节点共同完成，而且每一个节点记录的都是完整的账目，因此它们都可以监督交易合法性，同时也可以共同为其作证。区块链技术可保证账本中任何新增信息都不被篡改，除非符合某些预设的参数。

这种账本对外界攻击的防御能力更强，比如网络攻击，因为其去中心化的特点，外部攻击无法造成其大面积失控。

所有受信任的节点可监控账本的修改，这些修改会立刻体现在账本上，所有受信任的节点都可以获取相关数据并判断是否符合预设参数，以做出正确的决策。在使用时，还可以调整分布式账本的设计，在架构内部创建层级系统，并配置适当的获取权限和不同层级的权威性能。

2. 非对称加密

非对称加密算法是一种密钥的保密方法，该算法需要一对密钥：公开密钥（简称公钥）和私有密钥（简称私钥）。如果用公钥对数据进行加密，只有用对应的私钥才能解密，这种算法就叫作非对称加密算法。

移动互联网时代，运用区块链技术可使非对称加密更具有安全性。存储在区块链上的交易信息是公开的，但是账户身份信息是高度加密的，只有在数据拥有者授权的情况下才能访问到，从而保证了数据的安全和个人的隐私。

3. 共识机制

区块链的共识机制在去中心化上解决了一个重要问题，即节点间的互相信任问题。区块链中多个主机通过异步通信方式组成网络集群，以确保每个主机达成一致状态。共识机制的特性决定了区块链与技术、文化、经济等诸多领域的密切关系。

共识机制就是所有记账节点之间如何达成共识，如何认定记录有效性的方法，这既是认定的手段，也是防止篡改的手段。区块链提出了四种不同的共识机制，适用于不同的应用场景，以在效率和安全性之间取得平衡。

4. 智能合约

智能合约类似于计算机程序的 if-then 语句，是一种旨在以信息化方式传播、验证或执行合同的计算机协议。智能合约允许在没有第三方的情况下进行可信交易，这些交易可追踪且不可逆转。

智能合约基于可信的、难以篡改的数据，可以自动执行一些预先定义好的规则和条款。以保险为例，如果说每个人的信息（包括医疗信息和风险发生信息）都是真实可靠的，就可以很容易地在一些标准化的保险产品中进行自动化理赔。在保险公司的日常业务中，虽然交易不像银行和证券行业那样频繁，但是对可靠数据的依赖有增无减。因此，利用区块链技术，从数据管理的角度切入，能够有效地帮助保险公司提高其风险管理能力，并进行投保人风险管理和保险公司的风险监督。

基于区块链的智能合约提高了合约执行的效率。将智能合约以数字化形式写入区块链中，由区块链技术实现去中心化，能令所有参与者都来管理这个合约，并使智能合约的代码以及状态都在区块链中，公开透明。运用区块链技术可使合约更容易被使用，并且使合约安全性大大提高。

学习单元3 区块链的常见应用

一、生态环境监测

数据质量是环境监测工作的生命线，但现在一些机构提供的数据质量低下，有时甚至存在逻辑缺失的现象，无法及时有效地实施生态环境保护行动。

利用区块链技术可以实现对河流水质的"穿透式监管"。在河流上部署大量监测点位，通过传感器收集、传输、存储和分析数据，并接入享链盒子，上链数据都会存证证书，防止恶意篡改，这就从源头上解决了数据造假问题，一方面可以实现环保数据全方位、无死角的监控，另一方面改变了以往完全依赖巡查、事后补救的管理手段，促进了政府管理模式的创新。

二、医疗废弃物追踪解决

医疗废弃物处理涉及很多环节，从产生到集中处理周期长，要经历科室分类、打包、暂存、院内转运、集中贮存、院外转运、终端处置等环节。如果忽视从源头到末端的全过程监管，医疗废弃物会造成污染，甚至催生出"黑色产业链"。

目前，已经有公司推出了软硬件结合的区块链医疗废弃物追溯平台：软件即医疗废弃物可信基础链平台，硬件则包括各式转运车、手持机（物联网终端）、手持蓝牙秤、电子地磅等。而软件平台又分为监控端和医院端两套系统，监控端系统主要负责数据的监控、预警，适合地方卫健委，医院端系统主要负责数据的采集、上报，适用于医疗机构。医院端系统分布式部署在各个医疗机构内部，不仅减轻了总服务器的压力，而且任何一个机构服务器出现问题，都不影响其他医疗机构系统的正常运行。两套系统可独立运行，也可通过标准接口进行数据交换，实现协同运行。同时，监控端系统与医院端系统只是通过数据接口方式对接，因此监控端系统暂时的停机也不影响医院端系统的正常数据收集，只是暂停数据上报，当探测到监控端系统恢复后，医院端系统会再次发起数据上报。此外，整个平台的数据异地备份在医院服务器和卫健委服务器，任何一方出现数据问题，都可进行异地数据恢复。

三、区块链在电子政务领域的应用

区块链在电子政务领域的运用，可助推传统政务服务向"互联网＋政务"服务转型，其目的在于提高政府的办事效率，提高政务机构的服务有效性。依托区块链难以篡改、非对称加密及可追溯性等特性，可打造数字化政府。依托区块链传输业务数据信息的安全性，可打造一条牢不可破的网络"信任链"，优化政府业务流程，进一步实现互联网与政务深度融合，营造一个高度可靠的数据流通环境，大大提高公共服务质量，确保系统对任何用户都是"可信"的。构建数字化政务，目的在于构建一个与"利益无关"网络的验证机制，真正实现网络交易安全，利用大数据促进政府管理和社会治理的创新。

聚焦政务服务，区块链在政务领域上的应用主要分为数据共享类、电子证照类、电子票据类、业务协作类、司法存证类、资金监管类以及数字身份类等。

四、电力大数据安全可信共享

电力大数据普遍存在共享难、变现难、保护难、合作难等特点。由于缺少成熟的隐私保护和数据安全管理机制，数据价值得不到有效挖掘，不仅影响着信息的互联互通，也导致生产效率难以提高。

应用区块链可追溯、难以篡改的技术特性，将数据资源目录和数据服务 hash 值上链，可实现数据源确权溯源与服务数据的隐私保护。将需求数据抽取和数据计算结果的 hash 值上链，可实现数据的可信计算服务，支撑多方交互的电力大数据安全可信共享。

五、区块链在金融领域的应用

区块链将从业务、技术和管理三大层面变革金融领域，将会对金融市场起到巨大的推动作用，主要体现在以下几个方面。

1. 低成本信用创造有助于重建社会信任体系

没有信用就没有货币和金融，金融的核心价值在于信用。

在信用创造方面，区块链技术运用了一套基于共识的数学算法，在机器之间建立"信任"网络，通过技术背书进行信用创造，从根本上改变了制度体系和机构体系中心化的信用创造方式。在社会的信任体系重建方面，区块链技术能使交易双方在无须借助第三方信用中介的条件下开展经济活动。可以说，区块链技术是重建社会信用体系的关键所在。

2. 点对点交易将会弱化金融中介功能

过去，金融业的信用都是通过大量的中介权威机构，包括托管机构、公证人、银行等进行维护的。这些中介权威机构利用中心化的数据传输系统收集各种信息并在中心服务器中储存，然后集中向社会公布，一般要经过采—编—发三个环节。基于信用的区块链技术与基于信用的金融业有着异曲同工之妙。区块链技术能够直接实现信息的传递，其分布式的特性使得区块链中每一个节点的地位都是相同的。而因为其地位的对等，也使得其信息传递是平等的，每一个节点都可以与其他节点直接进行交易和互动。这种技术对托管机构、清算所等第三方中介机构造成了较大影响，但同时也提高了信息传递的效率。

3. 智能合约等机制将推动金融智能化的进程

所谓智能合约就是以区块链为基础进行延伸的，运行在分布式共享账本上的计算机程序。将智能合约运行在区块链上，可以保证整个运行过程公开透明且难以篡改，同时也能够避免中心化机构的影响，从而使智能合约高效运转。应用智能合约，可以免去中心化服务器的参与，这意味着能够节省社会资源，同时减少交易步骤，节省交易时间，而且还能解决信用问题。

当前，金融交易仍存在操作不够智能化的问题，需人工协助才能完成。将区块链在金融领域进行应用可以简化金融服务流程，并最大限度地减少人工操作，运用网络和结算功能可以将交易中和交易后的全过程进行自动化。

4. 创新的交易机制可提升交易效率

区块链的共识机制使部分金融领域的交易可以在短时间内完成，大大提升了金融交易效率。通过工作量证明机制或者其他共识机制验证交易之后，新的区块就可以被写入分布式账本，所有节点的账本将同时更新，交易确认和清算结算几乎在同一时间完成，所有节点依然共享完全一致的账本。银行业可以充分利用区块链技术对当前中心化银行系统进行改进，使之成为改造银行后台、优化基础架构的工具，从而增强自身竞争力，为金融服务体系的现代化提供动力。这种机制可以使区块链持续实现业务生长，推动金融服务体系的现代化进程。

5. 分布式网络可有效降低传统金融体系面临的系统风险

区块链的信息分布式特性以及系统可追责性可以有效降低传统金融体系面临的系统风险。信息分布式特性是指信息并非完全储存在中央处理器中，而是各自存储在设备终端中，即使单一终端面临黑客攻击、服务器宕机等风险，也不会影响其他终端。系统可追责性主要是指由于区块链技术具有公开和透明的特性，所有的系统参与者都可在知晓系统运行规则的前提下，通过验证确保账本内容和账本构造历史的真实性与完整性，确保交易的历史没有被篡改并真实可靠，分清责任方便追查。

6. 信息难以篡改与新型记账流程有助于创新监管与审计工作

信息难以被篡改，主要是通过区块链不可逆的特性来实现的。其不可逆主要表现在区块链上每一个区块记录都有完整的时间戳，当新数据被写入后，生成的新区块就被添加至区块链的流程中，并通过时间戳技术使得储存的数据不可逆转，也就不可随意被篡改，以此提高交易的安全性。信息难以篡改与新型记账流程有助于创新监管与审计工作，简化了数据处理的流程，提高了交易的安全性，降低了原始数据保存及交易追溯的成本，减少了监管部门的负担。

审计机关可以积极发挥建设性作用，针对区块链技术在金融领域的应用和监管存在的问题及时提出审计建议，助力区块链技术在建设网络强国、发展数字经济等方面发挥更大作用。

7. 监管节点可增强反洗钱力度

监管机构可以作为一个节点加到区块链中，实现对区块链上所有交易行为的全方位实时监管。由于区块链上交易记录的真实性和不可逆性，任一交易的任一环节都不会脱离监管的视线，这将极大地增强反洗钱力度。同时，通过在区块链上设置一定的规则与逻辑，区块链将自动验证交易和用户的合规性，整个金融企业的合规程度将得到大幅提升。

六、区块链在物联网中的应用

1. 在工业物联网上的应用

在工业物联网应用方面，区块链方法基于 P2P 组网技术，目的在于组建高效、低成本的工业物联网，构建智能制造网络基础设施，提供更加精准、高效的供应链服务。

2. 在物流与物流金融上的应用

快递系统是一个比较典型的区块链物联网应用，区块链技术的应用可以在保证物流正常流通的同时，保护寄件人、收件人的隐私，在简化物流程序的同时提升物流效率，有效保护信息安全。

3. 在溯源防伪上的应用

利用区块链的难以篡改等特性，可进行商品防伪溯源、食品溯源及医药溯源等；利用区块链服务，还可以解决供应链上下游之间的信息不透明和不对称问题。

4. 在智能交通上的应用

区块链技术可在车证管理、道路管理等诸多领域发挥作用，如以去中心化服务特性来判断交通状态，记录实时情况等。

5. 在医疗保健上的应用

利用区块链共享医疗数据可有效提升整体医疗水平，降低就医成本，确保实现有效医疗监管。

6. 在环保上的应用

区块链和物联网的融合可以助力环保政策的落地实施。区块链在环保领域比较典型的应用主要有环保数据管理、一源一档及环保税实施、排污企业的排污数据采集、企业滥用免征条例监管。

7. 在能源上的应用

运用区块链技术可在一定程度上解决分布式能源管理及新能源汽车管理问题，提高管理效率，降低管理成本，避免信息孤岛化，促进互联互通和数据共享。

8. 在农业上的应用

农业资源的特点是相对分散而孤立，物联网和区块链融合应用能有效解决当前农业和农产品消费的难题，提高效率。比较典型的应用有农产品溯源、农业信贷和农业保险等。

9. 在物联网支付上的应用

利用区块链技术，可以提供一种人到机器或者机器到机器的支付方案，有效促进物联网数据的交易与流通。

物联网在面对庞大需求的同时需确保数据安全和兼容，确实需要区块链可以解决上述问题。区块链可以帮助防止业务流程的数据重复，达到数据兼容。物联网服务平台因区块链的特性而降低了安全隐患。

七、区块链在城市公共服务中的应用

1. 实现公共资产的可追踪化

区块链领域积极探索公共资产管理新机制，力求让公共资产可追踪，为公共资产管理有效助力。

城市公共资产可划分为文化教育、居住、商业、行政等类型，因不同类型资产属性的差异，应采用不同的方法进行管理。从经济价值方面考虑，区块链在公

共资产的分配上可解决许多实际问题。

2. 推动政府信息的公开与透明

为了提高政府公信度，利用区块链的去中心化特征，加强区块链政务信息数据服务平台的建设，可以有效完善政府信息发布制度。对于与群众利益密切相关的信息，可做出清楚明白的公示。利用区块链难以篡改和可追溯等特征，建设信息制度，可解决政务工作中的问题，如进一步公开信息，及时解读政策，及时回应热点、难点问题，建立舆情收集、研判、报告和回应机制等，从而促进各项工作开展。

3. 提升社会福利管理水平

提升城市社会福利管理水平，关键在于提升社会公共服务功能，做到人力资源丰富、信息网络密集。将区块链技术应用在社会福利管理上，通过时间戳可保证数据的精确度，且数据难以被篡改。利用区块链没有权限无法阅读的特性，也可以避免医保欺诈行为。

4. 改善能源体制

区块链技术可促进能源交易，从而实现能源分配的根本性转变，这将刺激更多的可再生能源项目。通过运用区块链技术，人们将获得公开和安全地验证、跟踪、交换能源和相关数据的权利，这将解决现有能源市场效率低下的问题，使用区块链可创建一个开放的、安全的、分散的P2P能源交易记录。

区块链可最大限度地减少欺诈性的能源生产数据。通过不可变的能源生产证明，运行开源估计器进行验证，并在区块链中分层以增强安全性和信任度，可以以相对低成本、低接触的方式解决生产数据造假问题。

5. 提高税收管理效率

区块链技术带来的社会价值能充分激励良性纳税行为，有利于纳税人依法纳税，在可信环境下真正使数据实现流转。利用区块链技术，可在现有基础上建设一批新型应用技术机构，并成立法定机构，在运营上采取市场化方式，给予针对性的税收配套政策支持；可加快社会信用体系建设，拓展应收账款平台、动产融资平台接入主体，增强信息登记的强制性、全面性和准确性，为税收提供便利。

创意城市（具有浓郁创新精神和广泛创新主题的城市）可借助区块链技术建立合理税收功能，给创意城市的民众带来一定的保障。区块链技术核心能够解决多方协同问题，督促纳税人依法进行纳税。"个人纳税证明"数据会以区块链留存的形式，最终转化为可信任的电子凭证。这个过程实际上就是在不同部门之间形成数据共享，避免关于数据孤岛的问题，使数据在可信环境下真正实现流转，并且创造巨大的价值。

相较于"去中心化",区块链实现的实际上是一种"多中心"或者"分布式"的信任网络。在区块链网络上所进行的信息既能加密保护隐私又能相互验证确保真实性,还能溯源留存久远的记录,实际上是为数字互联网时代的当下提供了一种更为可信的生态环境支撑,使纳税人和税务机关深受其益。区块链技术的特点为税收提供了有力保证,构建了纳税信用体系,实现纳税无缝衔接。

6. 提升基础设施服务水平

利用区块链技术提升基础设施服务水平,关键在于细化基础设施管理,根本在于优化基础设施服务。

提升创意城市基础设施服务水平依赖四种途径,即技术创新、智力文化、文化技术以及技术组织。其中以技术创新最为关键。技术创新依靠区块链、大数据、互联网底层应用、人工智能、5G等基础设施建设。每一种新技术的诞生,都会带来成百上千的应用场景,区块链技术的应用最终目的是提升基础设施服务水平,形成完整的"生态圈"。

7. 推动医疗现代化

医疗信息系统与区块链的融合可更加有效地备份和共享信息,让系统更具有稳定性。医疗技术与区块链的结合能使医疗管理系统更具智慧性,使医疗服务系统更具先进性,确保诊疗设备的快速、准确和数字化,以及医院信息化管理现代化。例如,利用区块链平台对图像和数据进行共享,可使医生随时获取患者历史数据,从而减轻医生的劳动强度,提高诊疗效率。

医疗保险流程复杂,流程中存在的潜在问题较多,与区块链技术融合能够大幅度地简化流程,并解决信任机制不完善、各个医疗机构之间信息不畅等问题。

第三方医疗机构可以通过患者数据共享对特定类型的疾病进行建模分析,还可以借助患者药效大数据加速新药研发。

八、区块链与公证领域

"区块链+公证"模式具有低成本信用创造与共享的特性,对传输信息可以进行全方位保管,以分布式、自我合规、难以篡改以及自适应等优良特性为信息核验提供便利。"公证链"能形成文化生产力,其带来的是公平、公正、公开的发展环境,以客观、公正、透明和及时为原则,使公证业务所需进行的核验流程得到正确引导。

1. 区块链在公证领域的价值

利用区块链分布式记账、时间戳等特性，可将其用于涉及人身自由、生命健康、重大财产权益等行政执法领域，对执法过程进行全程记录，实现音视频、指纹、时间、地点等信息的实时固化传输。

公证业务所需进行的核验流程与内容繁多，且执法过程音视频均由执法单位自行保存，保存过程中面对着数据存储和安全维护的双重压力。区块链技术的加入赋予了"区块链+公证"模式三方面的独特价值：信息进行时间固化、信息安全性高、信息可公开查询。

区块链技术在公证领域应用后，可以增强公证人员跨地域和跨领域的能力，有利于公证行业实现安全、高效、低成本的数据确权应用，并实现高效传输，尤其在电子合同、知识产权保护等领域，其巨大作用更是显而易见。

区块链与公证的相互融合，可以实现"国家公信力+技术信任力"的双重增信作用。例如，在委托专项调查时，将调查材料上传至区块链平台并完成存证验证，可在确保加密的同时，相关报告材料不被篡改，更具可信度和数据传输的快捷性。

当然，在探索实践中，区块链技术在司法存证领域的应用还有许多需要完善的地方。在数据真实性层面，需要完善的是区块链存证的有效性，解决线上线下数据一致性问题；在管理层面，需要提高各机构之间的共识效率（减少交叉验证），并解决互相无管辖权节点间的数据管理问题；在联动应用层面，区块链目前仅在知识产权等少部分业务领域开展应用，其社会整体应用功效不明显；在制度管理层面，区块链技术在实践中仍涉及诸多技术问题与法律风险，特别是在司法实践中，需要进一步完善电子证据规则，确保在存证、取证、示证、公证、举证、认定等环节有法可依。

目前看来，区块链技术在司法行政业务中的应用前景更加广泛。一是从业务功能上，可向多方位、多领域拓展，逐步推广到鉴定、仲裁、法律援助等领域。二是从行政管理上，可用于电子公文、人事档案和财务票据等方面的管理，节约行政资源，提升行政办公效率。三是从执法监管上，可应用于行政执法、监狱戒毒督察、电子监控取证、强化执法监督管理等方面。四是从协同办案上，可构建政法系统（公、检、法、司、安）联盟链，打通部门之间的数据壁垒，简化政务流程，提升司法公信力。

2. 区块链在身份公证中的应用

如今，随着社会节奏的逐渐加快，如何快速完成身份公证十分关键。区块链技术在身份公证上的应用具有两点优势。第一点是使信息不易被篡改。"生物识别技术+区块链"可使公证个人信息的准确性得以提升，即把指纹数据保存到区块链，再通过私钥进行数字身份公证。第二点是可确保数据分析结果的正确性。区块链的可追溯性使得数据从采集、交易、流通直至计算分析的每一步记录都被留存在区块链上，对个人公共信息进行分类记录，可保证数据分析结果的正确性。

另外，通过区块链的分布式存储思想并使用不对称加密功能，可将个人信息存储于区块链，起到有效保护个人隐私的作用。

九、区块链在数字版权领域的应用

数字版权属于无形资产，数字作品因为本身存在的特殊性，其版权认证体系亟待变革，以根治数字版权多年来遗留的诸多痛点。区块链技术可以有效解决数字版权问题，对数字版权保护具有重要意义，只需要数字作品的生产者或机构将作品加入区块链网络社区，进行内容上链和版权登记，便可生成一个难以篡改并拥有准确原创证明的唯一ID，以此为证，标明版权的归属，并被永久记录到链上。

1. 在确权方面的应用

区块链技术可以将数字版权作品以分布式形式存储，把所有数据存储于网络节点中，并且通过区块链提供的去中心化分布式技术，做到节点权利相同，这一过程不需要依靠中介，所有用户可以同时维护，使得数据可以同步更新。

2. 在用权方面的应用

版权所有者可以在链上一边声明版权，一边自由交易，使用者可以直接向作品的版权者自动支付、自动获得授权，这样不但能降低运营成本，还能提高交易效率。

3. 在维权方面的应用

依托区块链技术，可以永远保留作品版权历史记录，整个过程真实透明，各节点何时查看过作品等"痕迹"都能清晰地呈现出来，为维权提供有效、可靠的证据。

4. 在知识产权保护方面的应用

区块链技术采用"技术+行政+司法"的确权模式，通过节点存证来实现权限保护，依托行政管理链和司法链完成行政管理及司法确权。著作权的权利主体可以在完成著作后即通过区块链给作品加盖时间戳。由于区块链的开放性，全体使用者都可以比较容易地查找作品的最初创作者，从而确认其权利。但对于商标和专利权，需要经过审核，因此基于区块链的时间戳目前只能作为一种辅助工具。

在知识产权注册，著作权、专利权、商标专用权保护等领域，可采用跨链信息交互指定消费授权，以及多渠道共享授权、直接采用授权定价与发行定价并行等模式，用区块链实现需求方与生产方的点对点交易和版权直供。区块链技术可以实现分开授权，记录某种权利的授权状况，并通过合约的方式对其加以保证。

在各类新技术中，区块链技术以其分布式、难以篡改性、时序性等特点，成为版权保护领域内的重点技术，更好地保护了知识产权，维护了知识产权人的切实利益，加速了产权经济在良好生态环境下的发展。

十、区块链与供应链体系

供应链是由供需关系连接起来的关系链，聚焦信息流、物流、资金流，贯通从原材料到最终用户的各项业务活动。区块链融入供应链体系的"双链融合"模式，被纳入典型经验在广泛推广，其不但具有完整的信息，还能实现信息共享，在多主体参与监控和审计方面，确保了数据的真实性，降低了沟通成本，利于提高企业信誉度。"双链融合"模式可实现以下目标。

1. 信息共享

打造区块链与供应链"双链融合"模式，可促进代工厂、企业及供应商第三方实现信息实时共享。区块链在供应链体系中的应用，可确保信息在高透明度的环境中运营，令使用者可实时查看商品状态，帮助企业优化生产运营和管理，提升效益。信息共享有助于提高系统效率，在供应链管理中使用区块链技术，可使信息在上下游企业之间公开。由此，需求变动等信息可实时反馈给链上的各个主体，各企业可以及时了解物流的最新进展，以采取相应的措施，增强多方协作，实现信息可视化、流程优化和需求管理，提高系统的整体效率。

2. 多主体参与监控、审计

区块链的链式结构是一种能储存信息的时间序列数据，为企业多主体参与监控、审计提供了确凿且难以被篡改的数据。

"双链融合"的优势及价值是传统交易一向追求和向往的。传统交易通常使用单一的中心机构实现交易行为的认证，无法有效防止交易不公、交易欺诈等问题，而且认证中心需要较高的运营、维护成本，获取的数据也有限，且数据有可能被不法分子篡改，这种破坏性的数据会给企业带来极大的损失。基于区块链的供应链多中心协同认证体系不需要委托第三方作为独立的认证中心，由各方交易主体作为不同认证中心共同来认证供应链的交易行为。供应链上下游企业共同建立一个联盟链，仅限供应链内企业主体参与，由联盟链共同确认成员管理、认证、授权等行为。通过把物料、物流、交易等信息记录上链，供应链上下游的信息在各企业之间公开，由此监控、审计等功能可由各交易主体共同进行公证。

3. 确保数据真实性

应用区块链进行的交易信息会被记录，以此保证了信息的完整性、可靠性和透明度。在企业的众多管理环节中，供应链是维系企业运转的重要环节。区块链上的每一次交易信息都会清晰地被记录，这是"双链融合"的最大优势，确保了数据的真实性。通过对链上的数据进行读取，可以直接定位运输中间环节的问题，避免货物丢失、误领、错领或商业造假等问题。这一技术尤其适用于稀缺性商品领域，通过把生产、物流、销售等数据上链，可确保产品的唯一性，保障消费者权益，杜绝假货流通的可能。此外，当发生交易纠纷时，可快速根据链上信息进行取证，明确责任主体，提高付款、交收、理赔的处理效率。

4. 降低沟通成本

"双链融合"模式在物流、资金流、信息流等方面，通过保存、上传、共享难以被篡改的数据，提高实体协作沟通效率，确保了企业生产流程中材料供应链的可追溯性，降低了沟通成本。一方面，区块链技术可以帮助上下游企业建立一个安全的分布式账本，账本上的信息对各交易方均是公开的；另一方面，通过智能合约技术，区块链可以把企业间的协议内容以代码的形式记录在账本上，一旦协议条件生效，代码自动执行，甚至利用智能合约自动下单采购，从而达到准确执行生产计划的目的。对于小型企业，"双链融合"模式可以帮助其跳过中间商环节，从而节约成本，同时也有助于激活生产厂商的空置产能。区块链技术的应用在很大程度上减少了人工数量，加速了物流运行的速度，有利于企业长期稳定发展。

5. 提高企业信誉度

供应链可将供应商、制造商、分销商和最终用户连成一个整体的网链结构，使供应链上下游企业之间的交易，包括票据信息都汇聚在链上。从制成中间产品到把产品送到消费者手中，都是利用区块链的智能合约技术自动按条款执行操作，将企业的历史交易信息进行收集和大数据分析，利用一定的数据建模，快速准确地获取企业的信用评级以及企业的历史融资情况。"双链融合"能让企业与企业之间、商品与商品交易之间形成一种相互信任的关系，实现核心企业、供货企业、投资企业的多方共赢，对企业经济发展形成一种无形推动力，促进供应链行业良性发展。

6. 有效溯源和防伪

在追踪有形商品或无形信息时,都是以真实记录为第一手材料的,区块链能有效地将这些流通痕迹以无法更改的方式留存在流转链条上,实现信息的有效溯源。商品流通本身就是流程化的,区块链技术的去中心化存储方式利用可信的技术手段将所有信息公开记录在"公共账本"上,是商品在互联网世界的唯一身份。当前,区块链的溯源落地应用项目大多是基于公有链或联盟链来建立的,解决了信任问题。

区块链在登记结算场景上的实时对账功能可有效防治造假。区块链在数据存证场景上的难以篡改性,使每个环节都被准确地记录在区块链上,可以确保商品交易的唯一性,以时间戳能力,为溯源、防伪、供应链场景提供了有利工具。由于区块链上的信息不能被随意篡改,且区块链技术的重点在于数字资产的完整性,所以假货信息无法进入区块链系统,确保了商品的安全生产,实现了有效防伪。

十一、区块链与慈善领域

区块链技术可帮助慈善事业突破发展的瓶颈问题,结合目前的困境,寻找出相应的解决方案,借助区块链推动慈善领域创新发展。首先,区块链能准确无误地将账目分类,使公众能够监测捐款情况,从而实现透明、有效捐款。其次,较小的"草根"组织可以利用区块链上下游产业链,通过保存、上传、共享难以篡改的数据,整合分散、开放的平台进行公开资金筹集,独立开展项目。最后,由区块链驱动的、透明的、有活力的组织构成的慈善部门,可发挥慈善作用,从而保护公众捐赠信心。

学习单元 4　区块链应用系统的价值与区块链数据的分析方法

一、区块链应用系统的价值

区块链产业链由上游的基础设施层、中游的技术扩展层以及下游的行业应用层组成。

1. 基础设施层

基础设施层提供区块链系统正常运行所需的操作环境和硬件设施,具体包括网络资源(如网卡、交换机、路由器等)、存储资源(如硬盘和云盘等)以及计算资源（如 CPU、GPU、ASIC 等芯片）。上游基础设施层为中游的技术扩展和下游的行业应用层提供物理资源和驱动，是区块链架构的基础。

2. 技术扩展层

随着区块链技术架构的完善以及区块链应用的普及，中游技术扩展层开始出现，使开发者可在基础设施层和行业应用层间以可执行代码的方式调用通用区块链技术应用，在此基础上继续开发区块链应用，大幅降低了区块链技术开发门槛，缩短了区块链技术开发时间。技术扩展层主要负责区块链通用技术及技术扩展平台研发，为行业应用层提供技术支持，主要提供智能合约、快速计算、信息安全、BaaS 平台等一般性服务。

3. 行业应用层

行业应用层主要为不同行业或各类应用场景提供区块链应用服务，覆盖金融、物流、医疗、能源、公益、娱乐、法律等行业，具体应用包括区块链跨境支付、数字货币、区块链供应链金融、区块链公益、区块链版权保护等。

二、区块链的商业模式及核心属性

1. 区块链的商业模式

（1）原生型的区块链模式

原生型的区块链模式直接基于去中心化的区块链技术，实现价值传递和交易等应用，例如数字货币。

（2）"区块链+"模式

"区块链+"模式将传统的场景和区块链底层协议相结合，以便提高效率，降低成本。未来区块链在各行业的应用将以这种模式为主。

2. 区块链的核心属性

区块链具有五大核心属性，即交易属性（价值属性）、存证属性、信任属性、智能属性、溯源属性。这些核心属性与各行业的需求相结合，有望解决诸多行业面临的关键问题。

三、区块链数据的分析方法

1. 聚类分析（cluster analysis）

聚类分析指将物理或抽象对象的集合分组为由类似的对象组成的多个类的分析过程。聚类是将数据分类到不同的类或者簇的过程，所以同一个簇中的对象有很大的相似性，而不同簇间的对象有很大的相异性。

聚类分析是一种探索性的分析，不需要先为其给出一个分类标准，聚类分析就能够从样本数据出发，自动进行分类。随着所使用聚类分析方法的不同，常常会得到不同的结论。不同研究者对于同一组数据进行聚类分析，所得到的聚类数也有可能各不相同。

2. 因子分析（factor analysis）

因子分析是指研究从变量群中提取共性因子的统计技术。因子分析的方法有多种，如重心法、影像分析法、最大似然解法、最小二乘法等。

这些方法本质上都是以相关系数矩阵为基础的，不同的是相关系数矩阵对角线上的值采用不同的共同性估值。在社会学研究中，因子分析法常采用以主成分分析法为基础的反复法。

3. 相关分析（correlation analysis）

相关分析是指研究现象之间是否存在某种依存关系，并对具体有依存关系的现象探讨其相关程度以及相关方向。

相关关系是一种非确定性的关系，例如，以 X 和 Y 分别代表一个人的身高和体重，或分别代表每公顷施肥量与每公顷小麦产量，则 X 与 Y 显然有关系，但又没有确切到可由其中的一个去精确地决定另一个的程度，这就是相关关系。

4. 对应分析（correspondence analysis）

对应分析也称关联分析、R-Q 型因子分析，通过分析由定性变量构成的交互汇总表来揭示变量间的联系。对应分析可以揭示同一变量的各个类别之间的差异，以及不同变量各个类别之间的对应关系。对应分析的基本思想是将一个联列表的行和列中各元素的比例结构以点的形式在较低维的空间中表示出来。

5. 回归分析（regression analysis）

回归分析是指研究一个随机变量 Y 对另一个变量 X 或一组变量（X_1, X_2, …, X_k）的相互依赖关系的统计分析方法，或者说是确定两种或两种以上变数间相互依赖的定量关系的一种统计分析方法。

回归分析的运用十分广泛，按照回归分析涉及的自变量多少，可分为一元回归分析和多元回归分析；按照自变量和因变量之间的关系类型，可分为线性回归分析和非线性回归分析。

6. 方差分析（ANOVA/analysis of variance）

方差分析又称"变异数分析"或"F 检验"，用于两个及两个以上样本均数差别的显著性检验。由于各种因素的影响,分析所得的数据呈现波动状。

造成波动的原因可分成两类,一类是不可控的随机因素,另一类是研究中施加的对结果形成影响的可控因素。方差分析从观测变量的方差入手,研究诸多控制变量中哪些变量是对观测变量有显著影响的变量。

学习单元5 区块链的发展趋势和面临的挑战

一、区块链的发展趋势

以区块链、人工智能、大数据、云计算、物联网为代表的新一代信息技术目前正加速在各个行业落地应用。区块链技术作为数字经济的底层支撑技术,正在同各行各业深度融合,未来更会在数字经济与实体经济融合、培育数字经济发展新动能等方面发挥重要作用。

2021年3月,中华人民共和国第十三届全国人民代表大会第四次会议表决通过了《中华人民共和国国民经济和社会发展第十四个五年规划和2035年远景目标纲要》。在"加快数字化发展 建设数字中国"篇章中,区块链被列为"十四五"七大数字经济重点产业之一。

区块链在为"新基建"(新型基础设施建设)进行服务的同时,"新基建"也将加快区块链的基础设施建设。随着工业互联网的快速发展,其与区块链的结合为区块链提供了新的场景,增加了场景落地项目。目前,区块链在算力和存储能力上还有待提高,而计算中心、数据中心的建立提升了区块链的算力和存储能力。在技术研发平台方面,虽然我国区块链技术发展很快,但是在底层技术上仍有待突破。"新基建"的大幅投入,加大了创新基础设施的建设力度,为区块链提供了技术研发平台。

数字经济下的数据要素流通离不开数据确权以及数据共享、共治,区块链技术可以解决类似问题。在数据确权方面,通过签订智能合约,使个人与企业基于技术的信任签订数据授权合约,结合区块链技术的难以篡改性,可有效防止个人信息被复制、滥用。

此外,区块链的可追溯性可以追查数据的使用情况,为数据检测(是否被滥用或非法买卖)、数据授权的使用量及收费标准提供依据,同时区块链结合零知识证明、安全多方计算等密码技术还可以强化个人隐私保护。在数据共享、共治方面，区块链通过特有的共识机制和密码学技术，可以使数据之间的主体相互信任，解决主体间的信任问题。同时，通过区块链独有的链式结构和难以篡改特性，可以保障数字经济下数据的安全问题。

随着政策扶持力度的加大，通过推广区块链专项政策和相关扶持政策，能够推动区块链和实体经济深度融合，对于提升工业生产效率、降低成本、提升供应链协同水平和效率，以及促进管理创新和业务创新具有重要作用。例如，在贸易融资方面，将海关、进出口企业、银行等部门的数据上链，实现内部信息共享，可以在保证进出口数据安全的同时实现为中小企业应收应付账款进行融资。

我国区块链行业的发展与应用在金融领域体现较为突出，紧跟金融科技发展脚步，加强对金融领域的治理是区块链产业健康创新发展的基础之一。随着《关于发布金融行业标准推动区块链技术规范应用的通知》和《区块链技术金融应用评估规则》的下发，我国区块链标准建设速度将进一步加快，标准规范将更加完善。未来，国家有关部委、各行各业将积极构建包含可信区块链标准在内的标准体系，促进区块链技术的应用和落地。

二、区块链面临的挑战

从实践进展来看，区块链技术在商业银行的应用大部分仍在被测试和构想之中，要获得监管部门和市场的认可也面临不少困难，具体如下。

1. 监管问题

区块链的去中心化、自我管理、集体维护特性颠覆了人们目前的生产生活方式，淡化了传统监管概念。作为核心技术自主创新的重要突破口，区块链的监管问题被视为当前制约行业健康发展的一大短板。

2. 技术问题

区块链应用还处于逐步成熟阶段，技术还在持续升级和改进中，并存在一些不足。例如区块容量问题，由于区块链需要承载并复制之前产生的全部信息，下一个区块信息量要大于之前的区块信息量，这样传递下去，区块写入信息会无限增大，带来的信息存储、验证等问题有待解决。

3. 人才匮乏

随着政府和企业对区块链行业布局的加速，区块链行业整体人才缺口巨大。据国际权威咨询机构 Gartner 预测，随着区块链技术的发展，中国区块链人才缺口将达 75 万人以上。然而，当前区块链人才培养体系并不完善，尤其是对行业有细化认知和框架思维的人才仍然较为稀缺。

培训课程 2 密码学的技术与应用

学习单元 1　密码学的技术

一、密码学简介

1. 基本概念

密码学是网络信息安全的基础，常见的非对称加密、对称加密、单向哈希函数等都属于密码学范畴。密码学从最开始的替换法到如今的非对称加密算法，经历了古典密码学、近代密码学和现代密码学三个阶段。密码学不仅是数学家们智慧的结晶，更是如今网络空间安全的重要基础。

2. 基本功能

数据加密的基本思想是通过变换信息的表示形式来伪装需要保护的敏感信息，使非授权者不能了解被保护信息的内容。网络安全使用密码学来辅助完成传递敏感信息过程中的相关问题，其特性主要包括以下几点。

（1）机密性（confidentiality）

仅有发送方和指定的接收方能够理解传输的报文内容。窃听者可以截取到加密了的报文，但不能还原出原来的信息，即不能得到报文内容。

（2）鉴别性（authentication）

发送方和接收方都应该能证实通信过程所涉及的另一方确实具有他们所声称的身份，并且能对对方的身份进行鉴别，即第三者不能冒充通信的对方。

（3）报文完整性（message integrity）

即使发送方和接收方可以互相鉴别对方，但他们还需要确保其通信的内容在传输过程中未被改变。

（4）不可否认性（non-repudiation）

接收方收到通信对方的报文后，还要证实报文确实来自所宣称的发送方，发送方也不能在发送报文以后否认自己发送过报文。

二、常见密码学技术介绍

1. 古典密码学

在古代战争中，多使用隐藏信息的方式保护重要的通信资料。例如，先把需要保护的信息用化学药水写到纸上，纸上看不出任何信息，需要使用另外的化学药水涂抹后才可以阅读纸上的信息。

这些方法都可保护重要的信息不被他人获取，但这种隐藏信息的方式比较容易被他人识破，因而随后出现了较难破解的古典密码学。

（1）替换法

替换法很好理解，就是用固定的信息将原文替换成无法直接阅读的密文信息。例如，将"b"替换成"w"，将"e"替换成"p"，这样单词"bee"就变换成了"wpp"，不知道替换规则的人就无法阅读出原文的含义。

替换法有单表替换和多表替换两种形式。单表替换即只有一张原文密文对照表单，发送者和接收者用这张表单来加密解密。在上述例子中，表单即为：a b c d e—s w t r p。

多表替换即有多张原文密文对照表单，不同字母可以用不同表单的内容替换。例如，表单1：a b c d e—s w t r p。表单2：a b c d e—c h f h k。表单3：a b c d e—j f t o u。规定第一个字母用第三张表单，第二个字母用第一张表单，第三个字母用第二张表单（312）。这时单词"bee"就变成了"fpk"，破解难度更高，其中密钥"312"可以事先约定好，也可以在传输过程中标记出来。

（2）移位法

移位法就是将原文中的所有字母都在字母表上向后（或向前）按照一个固定数目进行偏移后得出密文的方法，典型的移位法应用有恺撒密码。

例如，约定好字母向后移动2位，这样单词"bee"就变换成了"dgg"。与替换法同理，移位法也可以采用多表移位的方式，典型的多表移位应用是维吉尼亚密码。

古典密码虽然很简单，却是使用最久的加密方式，直到"概率论"的数学方法出现，古典密码才被破解。

英文单词中字母出现的频率是不同的，e 以 12.702% 的百分比占比最高，z 只占到 0.074%。如果密文数量足够大，仅仅采用频度分析法就可以破解单表的替换法或移位法。破解多表替换法或多表移位法虽然难度高一些，但如果数据量足够大也是可以破解的。

2. 近代密码学

到了工业化时代，近代密码学被广泛应用。

恩尼格玛密码机是二战时期德国使用的加密机器，后被英国破译，参与破译的人员有被称为计算机科学之父、人工智能之父的图灵。

恩尼格玛密码机使用的加密方式本质上还是移位法和替代法，只不过因为密码表种类极多，破解难度极高，同时加密解密机器化，使用便捷，因而在二战时期得以使用。

3. 现代密码学

（1）单向哈希函数

单向哈希函数也称杂凑函数或哈希函数，可将任意长度的消息经过运算变成固定长度数值，常见的应用有 MD5 和 SHA-1，多应用在文件校验和数字签名中。MD5 可以将任意长度的原文生成一个 128 位（16 字节）的哈希值；SHA-1 可以将任意长度的原文生成一个 160 位（20 字节）的哈希值。

（2）对称密码

对称密码应用了相同的加密密钥和解密密钥，可分为序列密码（流密码）和分组密码（块密码）两种类型。流密码是将信息流中的每一个元素（一个字母或一个比特）作为基本的处理单元进行加密，块密码是先将信息流分块，再对每一块信息分别加密。

例如，信息流原文为 1234567890，流加密即先对 1 进行加密，再对 2 进行加密，再对 3 进行加密……最后拼接成密文；块加密则是先将信息流分成不同的块，如 1234 一块，5678 一块，90×× （×× 为补位数字）一块，再分别对不同块进行加密，最后拼接成密文。前文提到的古典密码学加密方法都属于流加密。

（3）非对称密码

在实际使用中，远程的提前协商密钥不容易实现，即使协商好，在远程传输过程中也容易被他人获取，因此非对称密码此时就凸显出了优势。

非对称密码有两支密钥，公钥和私钥，加密和解密运算使用的密钥不同。用公钥对原文进行加密后，需要用私钥进行解密；用私钥对原文进行加密后（此时一般称为签名），需要用公钥进行解密（此时一般称为验签）。公钥是可以公开的，发送者使用公钥对信息进行加密，再发送给私钥的持有者，私钥持有者使用私钥对信息进行解密，获得信息原文。由于私钥为私人持有，因此不用担心被他人解密获取信息原文。

学习单元2　密码学的应用

一、密码学应用介绍

1. 对称加密

对消息加密和解密使用相同密钥的加密算法就叫对称加密，也称为私钥加密、密钥加密。常用的对称加密算法有 DES、3DES、AES、Blowfish、RC4、RC5、RC6 等，目前 AES 是使用最为广泛的对称加密算法。

AES 是一种分组密码，即将明文消息拆分为一定长度的 n 个分组，然后对每个分组进行加密。AES 的分组长度固定为 128 比特，而密钥可以是 128/192/256 比特。既然是固定长度的分组，那么要加密任意长度的明文，就涉及如何将多个分组进行迭代加密的问题，因此就有了分组模式。常用的分组模式有 ECB、CBC、CFB、OFB、CTR 等，最常用的是 ECB 模式和 CBC 模式，因此需要了解这两种模式的用法和区别。

（1）ECB 模式

ECB 全称为 electronic codebook，即电子密码本。ECB 模式是最简单的一种分组模式，它直接将明文分割成多个分组并逐个加密，如图 3-1 所示。

这种模式的优点是简单、快速，加密和解密都支持并行计算。而缺点也比较明显，因为每个明文分组都各自独立地进行加密和解密，如果明文中存在多个相同的明文分组，则这些分组最终会被转换为相同的密文分组。这样一来，攻击者只要观察一下密文，就可以知道明文中存在怎样的重复组合，并可以以此为线索来破译密码。另外，攻击者可以通过改变密文分组的顺序，删除或替换密文分组，从而达到对明文进行操纵的目的，而无须破译密码。

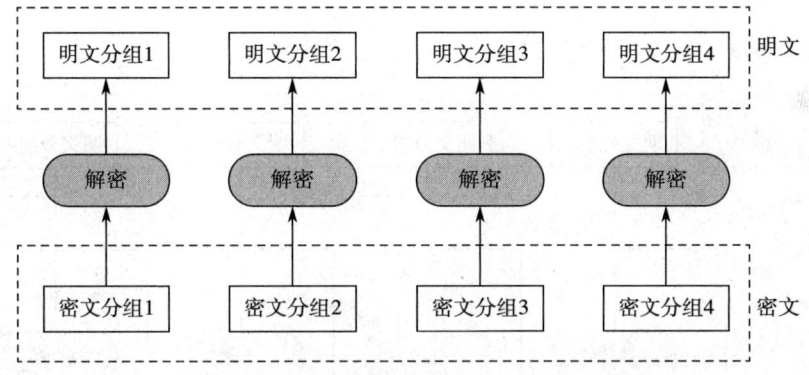

图 3-1　ECB 模式的加密、解密原理

（2）CBC 模式

CBC 全称为 cipher-block chaining，即密码分组链接。CBC 模式是将前一个密文分组与当前明文分组的内容混合起来进行加密的，如图 3-2 所示。

在 CBC 模式中，首先将明文分组与前一个密文分组进行 xor（exclusive OR，异或）运算，然后再进行加密。加密第一个明文分组时，由于不存在"前一个密文分组"，因此需要事先准备长度为一个分组的比特序列来代替"前一个密文分组"，这个比特序列称为初始化向量（initialization vector，IV）。CBC 模式弥补了 ECB 模式的缺点，使明文的重复排列不会反映在密文中。不过，相比 ECB 模式，CBC 模式多了一个初始化向量。

另外，当最后一个明文分组的内容小于分组长度时，需要用一些特定的数据进行填充，填充方式也有很多种，常用的有两种：PKCS#5 和 PKCS#7。需要注意的是，不同编程语言使用的填充方式可能不同。例如，Java 使用 PKCS#5，而 iOS 的 Objective-C 和 Swift 则采用 PKCS#7。不过，对于 AES 来说，这两种填充方式的

CBC模式的加密

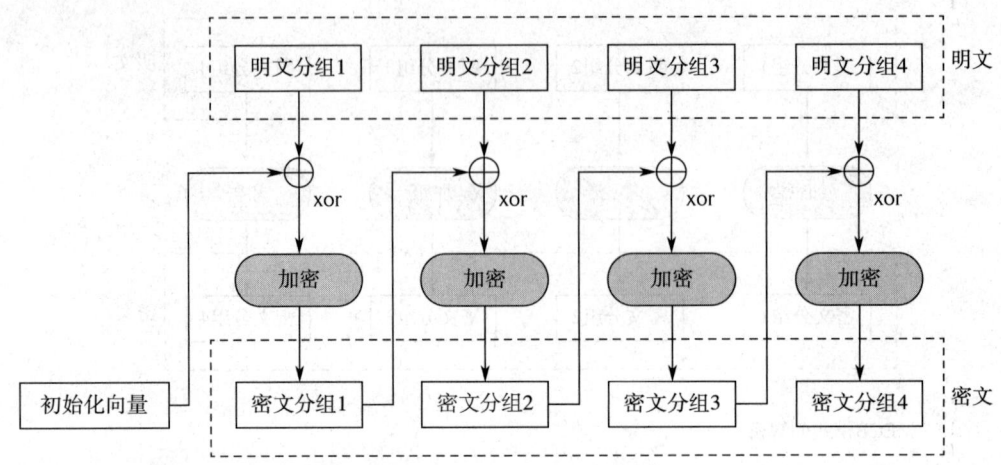

CBC模式的解密

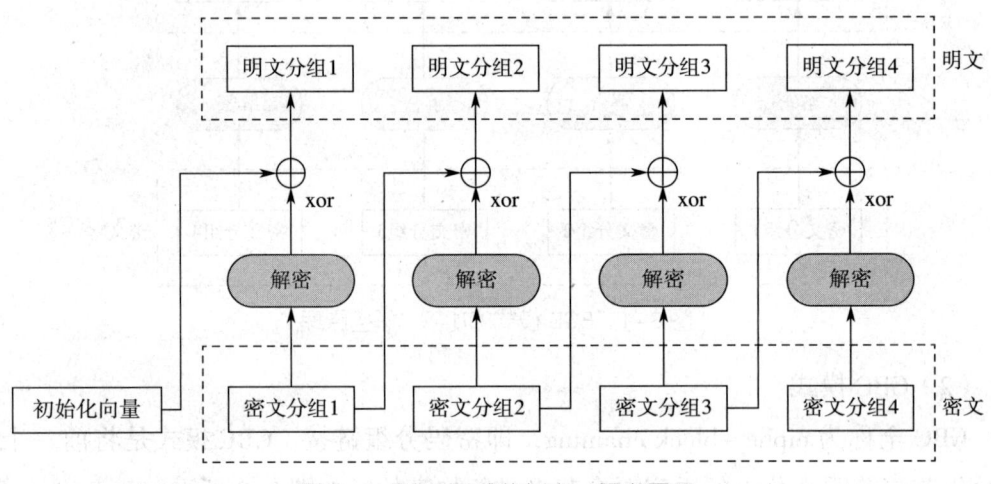

图 3-2　CBC 模式的加密、解密原理

区别不大。

在实际应用中，人们一般都是在前端对密码或其他敏感数据进行加密，然后在后端进行解密。因为前后端涉及不同语言的实现，为了保证前后端经过加解密后的结果一致，以下几个参数是需要保持一致的。

● 密钥：密钥都要使用同一个，但需要注意的是，密钥长度需要统一 128/192/256 比特，即 16/24/32 字节。

● 分组模式：分组模式推荐统一为 CBC 模式，且要使用显式声明，因为不同语言的默认分组模式可能不同。

● 初始化向量：加密和解密时的初始化向量也要一致，同样也不要使用默认设置，而要使用显式定义。

- 填充方式：Java 采用 PKCS#5，iOS 和 JavaScript 采用 PKCS#7。

AES 算法本身操作的都是 byte（字节）数组，因此加密后一般会使用 Base64 编码将 byte 数组转换为字符串，而解密之前则先用 Base64 解码将字符串转回 byte 数组。

使用对称加密时，最重要的是要保证密钥的安全，一般不建议直接在网络上传输密钥，即使在客户端传输也要做好密钥的安全存储。

2. 非对称加密

非对称加密也称公钥加密，其使用一对密钥用公钥进行加密，再用配对的私钥进行解密。公钥是公开的，而私钥是保密的，这样虽然安全性提高了，但禁锢了性能，加解密的速度相较于对称加密慢了几个数量级。

使用最为广泛的非对称加密算法是 RSA，其原理是利用大整数质因数分解（每个合数都可以写成几个质数相乘的形式，其中每个质数都是这个合数的因数，叫作这个合数的分解质因数）问题的困难度，加密和解密遵从非常简单的两条公式。

- 加密：密文 = 明文 ^{E} mod N
- 解密：明文 = 密文 ^{D} mod N

加密就是对明文进行 E 次方后除以 N 求余数的过程，其中 E 和 N 的组合就是公钥，即公钥 $=f(E, N)$。

解密就是对密文进行 D 次方后除以 N 求余数的过程，其中 D 和 N 的组合就是私钥，即私钥 $=f(D, N)$。

公钥和私钥共有的 N 称为 module，即模数，E 和 D 分别是公钥指数和私钥指数。因为 RSA 基于以上数学问题，所以其明文、密钥和密文都是数字，我们平时看到的字符串其实都是二进制表示的数字，是经过 Base64 编码的。

密钥长度越长越安全，推荐使用 1024 比特或更大的值，这里所说的 1024 比特是指模数的长度。不同于对称密码可以加密任意长度的明文，RSA 明文长度是不能超过密钥长度的。Java 默认 RSA 的加密明文长度最长为密钥长度减去 11 字节，假如密钥长度设为 1024 比特，即 128 字节，那么明文长度则不能超过 117 字节（128−11=117），如果超过该长度则会出现异常。如果想要加密的明文比较长，那就应当生成更长的密钥，如密钥长度为 2048 比特，那么明文可以长达 245 字节（256−11=245）。太长的明文不推荐使用 RSA 进行加密，因为性能过低。

另外，为了提高安全性，RSA加密时都会填充一些随机数。RSA加密填充方式主要有三种：NoPadding、PKCS1Padding、OAEPPadding。其中，最常用的是 PKCS1Padding，它会在明文前填充11字节的随机数，因此对同一明文每次加密产生的密文都会不一样。如果想让每次加密产生的密文都一样，填充方式应采用 NoPadding，即不填充，但这样无疑降低了安全性，所以一般不建议采用 NoPadding。

3. 单向哈希函数

对称加密和非对称加密主要用来解决消息的机密性问题，即防止消息被窃取导致秘密泄露，但这两种手段却无法校验消息是否被篡改。要校验消息是否被篡改，就要对消息进行完整性校验，目前最简单高效的校验手段就是单向哈希函数。

单向哈希函数能把任意长度的输入消息串转变成固定长度的输出串，输出值称为"哈希值"或"消息摘要"，也称为消息的"指纹"。使用单向哈希函数，同一消息会生成同样的哈希值，而只要改变了消息，哪怕只改了1个字节，最终的哈希值变化也很大。因此，很适合用这个哈希值校验消息的完整性。

最常用的单向哈希函数就是 MD5 和 SHA，SHA 包括 SHA-1、SHA-224、SHA-256、SHA-384 和 SHA-512，后四种并称为 SHA-2。人们去下载一些软件的安装文件时，官方一般都会提供对应该文件的 MD5 和 SHA-1 的哈希值，以便对下载后的文件自行生成哈希值，再和官方提供的哈希值进行比对，就可判断这个文件是否被修改过。

在实际应用中，单向哈希函数一般都会与其他技术相结合，因为其单独使用时的安全性不高。例如，很多应用会将用户密码直接进行 MD5 函数转换之后传输给服务端，这种方案主要存在以下两个安全隐患。

一是对于一些不够复杂的密码而言，难以防范彩虹表破解。所谓彩虹表，是一个用于单向哈希函数逆运算的、预先计算好的表，为了破解密码的哈希值而准备。可以将彩虹表简单理解为在明文和密文之间建立起对应关系的"字典"表，可以通过已知的密文反查出明文。例如，密码"123456"进行 MD5 转换后结果是"E10ADC3949BA59ABBE56E057F20F883E"，那么在监听到用户登录的请求，拿到"E10ADC3949BA59ABBE56E057F20F883E"这个密码串时，从彩虹表中就可以反查出原密码是"123456"。

二是不同用户如果设置了相同密码，那么哈希值无疑也会相同。设置了相同密码的不同用户，由于相同密码进行 MD5 转换后的哈希值全都一样，那么只要破解了其中一个密码，就等于破解了多个用户的密码。

为了应对以上两个问题，比较好的方案就是"MD5+salt"，也称"MD5加盐"，即将原密码拼上一串盐值"salt"之后再进行MD5。盐值"salt"是一个随机字符串，每个用户的salt值一般都是不同的，这样就可以保证不同用户最终转换得出的哈希值不同，而且因为有一串随机字符串，彩虹表也很难发挥作用。

4. 消息认证码

虽然单向哈希函数可以用来对消息进行完整性校验，但其无法解决发送者的认证问题。要解决发送者的认证问题，最常用的有两种方法，一是采用消息认证码，二是使用数字签名。

消息认证码（message authentication code，MAC）是一种用以确认消息完整性并进行认证的技术。消息认证码的输入包括任意长度的消息和一个发送者与接收者之间共享的密钥，它可以输出固定长度的数据，这个数据称为MAC值。

消息认证码的实现方式有很多种，最常用的实现方式就是HMAC，根据使用的不同单向哈希函数可分为HMAC-MD5、HMAC-SHA1、HMAC-SHA256等。HMAC可以简单理解为带有密钥的哈希函数，因为有了密钥，就可以对发送者进行认证，也因为使用了哈希函数，从而实现了完整性校验。

认证发送者的基本流程是：

（1）发送者使用共享密钥计算消息的MAC值；

（2）发送者将消息和MAC值一起发送给接收者；

（3）接收者收到消息和MAC值后，使用同一个共享密钥计算消息的MAC值；

（4）对比计算出来的MAC值和接收到的MAC值，如果一致，则认证成功。

现在，很多接口所添加的URL签名机制其实就是对请求做MAC认证。不过，因为使用了共享密钥，消息认证码也存在和对称加密一样的密钥安全问题。

5. 数字签名

数字签名也可以解决发送者的认证问题，而且数字签名还具有不可抵赖性。数字签名的原理是将非对称加密反过来用。非对称加密是先用公钥加密，然后用私钥解密，而数字签名则是先用私钥加密（生成的密文就是数字签名），再用公钥解密。用私钥进行加密这一行为只能由持有私钥的人完成，正是基于这一事实，才可以将用私钥加密的密文作为签名来对待。而由于公钥是对外公开的，因此任何人都能够对签名进行验证。

另外，非对称加密本身加密和解密速度是非常慢的，消息越长，加解密速度越慢，所以一般不用来加密和解密长消息。同样，一般也不会直接对长消息进行签名，通常的做法是对消息的哈希值进行签名，因为哈希值比较短，所以加密签名相对会快很多。

需要注意的是，像 MD5withRSA 和 SHA1withRSA 这样的数字签名可以校验消息的完整性、对发送者进行认证，还可防止抵赖，但却不能解决机密性的问题。

不过，数字签名其实不太适合直接用在客户端上。因为客户端要对消息进行签名，那么客户端就需要保存私钥，所以依然存在私钥的安全配送和存储问题。数字签名被使用最广泛的领域应该是数字证书，这还涉及 SSL/TLS 协议和认证中心（certification authority，CA）证书等。

二、密码学应用与实践

迄今为止的所有公钥密码体系中，RSA 系统是使用最广泛的一种。RSA 公开密钥密码系统是由 Ron Rivest（罗纳德·李维斯特）、Adi Shamir（阿迪·萨莫尔）和 Leonard Adleman（伦纳德·阿德曼）三位教授于 1977 年提出的，RSA 的取名来自这三位发明者姓氏的第一个字母。

RSA 算法研制的最初目标是解决利用公开信道传输分发 DES 算法的私有密钥的难题。而实际结果不但很好地解决了这个难题，还可利用 RSA 来完成对电文的数字签名，以防止对电文的否认与抵赖，同时还可以利用数字签名较容易地发现攻击者对电文的非法篡改，有效保证数据的安全。

公用密钥的优点在于，也许使用者并不认识某一实体，但只要其服务器认为该实体的 CA 是可靠的，就可以进行安全通信，而这正是电子商务等业务所要求的。例如，使用信用卡购物，服务方对自己的资源可根据客户 CA 的发行机构可靠程度来授权。但目前国内外尚没有可以被广泛信赖的 CA，而由外国公司充当 CA 在我国是非常危险的。

公开密钥密码体制较私有密钥密码体制处理速度慢，因此，通常把这两种技术结合起来以实现最佳性能。即用公开密钥密码技术在通信双方之间传送私有密钥，而用私有密钥来对实际传输的数据进行加密解密。

密码技术不仅用于网上传送数据的加解密，也用于认证、数字签名、完整性校验，以及 SSL、SET 等安全通信标准和 IPSec 等安全协议中，其具体应用如下。

1. 用来加密保护信息

利用密码变换将明文变换成只有合法者才能恢复的密文，这是密码的最基本功能。信息的加密保护包括传输信息和存储信息两方面,后者恢复起来的难度更大。

2. 采用数字证书来进行身份鉴别

数字证书就是网络通信中标志通信各方身份信息的一系列数据,是网络正常运行所必需的。现在一般采用交互式询问和回答,在询问和回答过程中采用密码加密,在电子商务系统中,数字证书从某种角度上说就是"电子身份证"。

3. 数字指纹

在数字签名中有重要作用的"报文摘要"算法,即生成报文"数字指纹"的方法,近年来备受关注,构成了现代密码学的一个重要方面。

4. 采用密码技术对发送信息进行验证

为防止传输和存储的消息被有意或无意篡改,可采用密码技术对消息进行运算并生成消息验证码,附在消息之后发出或与信息一起存储,以对信息进行验证。

5. 利用数字签名来完成最终协议

在信息时代,电子数据的收发使人们过去所依赖的个人特征逐渐被数字签名代替。数字签名的作用有两点,一是因为自己的签名难以否认,从而确定了文件已签署这一事实;二是因为签名不易仿冒,从而确定了文件的真实性。

学习单元3 密码学的发展趋势和展望

一、密码学的发展方向

密码学不仅包含编码与破译,也包括安全管理、安全协议设计、哈希函数等内容。不仅如此,密码学的进一步发展衍生出了大量的新技术和新概念,如零知识证明技术、盲签名、量子密码技术、混沌密码等。

当前,密码学发展面临着挑战和机遇。计算机网络通信技术的发展和信息时代的到来,给密码学提供了前所未有的发展机遇。在密码理论、密码技术、密码保障、密码管理等方面发挥创造性思维,去开辟密码学发展的新纪元是人们的追求。

在实际应用中不仅需要确保密码算法本身在数学证明上是安全的,同时也需要确保密码算法在实际应用中是安全的。因此,在密码分析和攻击手段不断进步、计算机运算速度不断提高以及密码应用需求不断增长的情况下,迫切需要发展密码理论并创新密码算法。

1. 在线/离线密码学

公钥密码学能够使通信双方在不安全的信道上安全地交换信息。然而,非对称密码的执行效率不能很好地满足通信交换双方的需求。因此,如何提高效率成为公钥密码学中的一个关键问题。

为解决效率问题,在线/离线密码学的概念被提出。其主要观点是将一个密码体制分成两个阶段:在线执行阶段和离线执行阶段。在离线执行阶段,一些耗时较多的计算可以预先被执行;在在线执行阶段,一些低计算量的工作被执行。

2. 圆锥曲线密码学

圆锥曲线密码学在 1998 年被首次提出。在圆锥曲线群上的各项计算比椭圆曲线群上的更简单,在其上的编码和解码都很容易被执行。因此,圆锥曲线密码已成为密码学中的一项重要研究内容。

3. 代理密码学

代理密码学包括代理签名和代理密码系统,两者都提供代理功能,并分别提供代理签名和代理解密功能。

目前,代理密码学的两个重要问题亟待解决。一个是如何建设不用转换的代理密码系统,另一个是如何建设较为合理的代理密码系统可证安全模型,并给出系统安全性证明。

4. 密钥托管问题

在现代保密通信中,存在两个矛盾的要求:一个是用户间要进行保密通信,另一个是政府为了抵制网络犯罪和保护国家安全要对用户的通信进行监督。密钥托管系统就是为了满足这种需要而被提出的。在原始的密钥托管系统中,用户通信的密钥将由一个主要的密钥托管代理来管理,当得到合法授权时,托管代理可以将其交给政府的监听机构,但这种做法显然产生了新的问题:政府的监听机构得到密钥以后,可以随意地监听用户的通信,即产生所谓"一次监控,永远监控"的问题。

在密钥托管系统中,法律强制访问域(law enforcement access field,LEAF)是被通信加密和存储的额外信息块,用来保证合法的政府实体或被授权的第三方获得通信的明文消息。对于一个典型的密钥托管系统来说,LEAF 可以通过获得通信的解密密钥来构造。为了更趋合理,可以将密钥分成一些密钥碎片,用不同的密钥托管代理的公钥加密密钥碎片，然后再将加密的密钥碎片通过门限化的方法合成。

5. 基于身份的密码学

基于身份的密码学是由阿迪·萨莫尔于1984年提出的。其主要观点是，系统中不需要证书，可以使用用户的标识，如姓名、IP地址、电子邮件地址等作为公钥。用户的私钥通过一个被称作私钥生成器（private key generator，PKG）的可信任第三方进行计算得到。基于身份的数字签名方案在1984年就已经被提出。然而，直到2001年，Dan Boneh（丹·波恩）等人利用椭圆曲线的双线性映射原理才给出了真正意义上基于身份的加密体制。目前，基于身份的加密方案包括基于身份的加密体制、可鉴别身份的加密和签密体制、签名体制、密钥协商体制、鉴别体制、门限密码体制、层次密码体制等。

6. 多方密钥协商问题

密钥协商问题是密码学中又一基本问题。

Diffie-Hellman（简称DH）协议是一个众所周知的在不安全信道上通过交换消息来建立会话密钥的协议。它的安全性基于Diffie-Hellman离散对数问题。然而，Diffie-Hellman协议的主要问题是它不能抵抗中间人攻击，因为它不能提供用户身份验证。

当前已有的密钥协商协议包括双方密钥协商协议、双方非交互式的静态密钥协商协议、双方一轮密钥协商协议、双方可验证身份的密钥协商协议以及三方相对应类型的协议。

7. 可证安全性密码学

当前，在现有公钥密码学中，有两种被广泛接受的安全性的定义，即语义安全性和非延展安全性。语义安全性也称作不可区分安全性，由Goldwasser（戈德瓦塞尔）和Micali（米卡里）在1982年提出，是指从给定的密文中，攻击者没有能力得到关于明文的任何信息。非延展安全性指攻击者不能从给定的密文中，建立和密文所对应的与明文意义相关的明文的密文。在大多数研究中，语义安全性和非延展安全性是等价的。

对于公钥加密和数字签名等方案，可以建立相应的安全模型。对于模型的安全性，目前可用的最好的证明方法是随机预言模型。随机预言模型是一种非标准化的计算模型。在这个模型中，任何具体的对象，例如哈希函数，都被当作随机对象。随机预言模型允许人们规约参数到相应的计算，哈希函数被作为一个预言返回值，对每一个新的查询将得到一个随机的应答。然而，随机预言模型证明的有效性是有争议的，因为哈希函数是确定的，不能总是返回随机的应答。

尽管如此，随机预言模型对于分析许多加密方案和数字签名方案还是很有用的。没有随机预言模型，可证明安全性的问题就存在质疑。

二、新的密码学理论

1. 量子密码学

量子密码体系采用量子态作为信息载体，经由量子通道在合法的用户之间传送密钥。量子密码的绝对安全性由量子力学原理所保证。所谓绝对安全性是指，即使窃听者可能拥有极高的智商、可能采用最高明的窃听措施、可能使用最先进的测量手段，密钥的传送仍然是安全的。

通常，窃听者截获密钥的方法有两种，一种是通过对携带信息的量子态进行测量，从其测量的结果来提取密钥的信息；另一种是使用具有复制功能的装置，先截获和复制传送信息的量子态，然后窃听者再将原来的量子态传送给要接受密钥的合法用户，留下复制的量子态供窃听者测量分析，以窃取信息。以上两种窃听方式原则上不会留下任何痕迹。但是，由量子相干性决定的量子不可克隆定理告诉人们，任何物理上允许的量子复制装置都不可能克隆出与输入态完全一样的量子态。因而，以上两种窃听方法也无法成功。也就是说，量子密码术原则上提供了不可破译、不可窃听和大容量的保密通信体系。

2. 混沌密码学

混沌是确定性系统中的一种貌似随机的运动。混沌系统都具有如下基本特性：确定性、有界性、对初始条件的敏感性、拓扑传递性和混合性、宽带性、快速衰减的自相关性、长期不可预测性和伪随机性。混沌系统所具有的这些基本特性恰好能够满足保密通信及密码学的基本要求。例如，混沌动力学方程的确定性保证了通信双方在收发过程或加解密过程中的可靠性；混沌轨道的发散特性及对初始条件的敏感性正好满足密码系统设计的第一个基本原则——扩散原则；混沌系统的拓扑传递性与混合性，以及对初始条件的敏感性正好满足密码系统设计的第二个基本原则——混淆原则；混沌输出信号的宽带性和快速衰减的自相关性是对抗频谱分析和相关分析的有力保障；混沌行为的长期不可预测性是混沌保密通信安全性的根本保障。因此，自1989年人们首次把混沌理论使用到序列密码及保密通信理论以来，数字化混沌密码系统和基于混沌同步的保密通信系统的研究已引起了相关学者的高度重视。虽然多年来的研究取得了许多可喜的进展，但仍存在一些重要问题尚待解决。

3. DNA 密码学

DNA 密码学是近年来伴随着 DNA 计算的研究而出现的密码学新领域，其特点是以 DNA 为信息载体，以现代生物技术为实现工具，挖掘 DNA 固有的高存储密度和高并行性等优点，实现加密、认证及签名等密码学功能。DNA 密码与传统的密码以及研制中的量子密码相比各有优势，在未来的应用中可以互相补充。实现 DNA 密码面临的主要困难是缺乏有效的安全理论依据和简便的操作方法。

三、密码学的发展趋势和展望

1. 欧洲序列密码计划有效地推动了序列密码的发展。

2. AES 计划和 NESSIE 计划的实施推动了分组密码在设计理论、分析方法、工作模式等方面研究的飞速发展。

3. 后量子时代的密码或量子免疫密码是公钥密码研究的一个重要方向。

4. 数字签名的重点研究方向是新的数字签名的设计、安全性基础问题的挖掘和已有数字签名的安全性分析与证明。

5. 既可以进行形式化分析，又具有密码可靠性是目前形式化方法研究的热点，也是未来的发展方向。可复合性问题是目前密码协议形式化分析的另一个热点问题。

6. 可证明安全性的发展将集中在如何为新的安全属性建立合适的模型及在标准模型下可证明安全的密码协议设计等。另外，重置零知识、精确零知识也是密码协议的一个发展方向。

7. 密钥管理技术中，如何在各种应用环境中支持匿名性和隐私保护，以及适应具体应用的密钥管理新技术的研究都是目前的重要研究方向。这项技术将向着跨域、无中心化、容侵容错、基于身份的结构和应用研究等方向发展。

8. 面向新兴应用和新型信息安全系统的密码系统芯片的设计是未来的方向。当前的研究重点是如何降低校验方法的复杂度、硬件开销和验算时间。

9. 量子密码已进入实用化阶段，克服应用中的技术难题和进行深入的安全性探讨将是今后量子密码发展的趋势。另外，量子中继器、地面与卫星之间的量子保密通信、量子密钥容量的计算和与设备无关的量子密码系统等都是未来的一些重要研究方向。

新技术的应用和计算能力的提升必将给密码学带来巨大的挑战，密码学的研究必须顺应时代的要求。纵观全局，密码学的发展呈现出以下四大趋势。

● 密码的标准化趋势。密码标准是密码理论与技术发展的结晶和原动力，像AES和SHA-3等标准化计划都大力推动了密码学的研究。

● 密码的公理化趋势。追求算法的可证明安全性是目前的趋势，密码协议的形式化分析方法、可证明安全性理论、安全多方计算理论和零知识证明协议等仍将是密码协议研究的主流方向。

● 面向社会应用的实用化趋势。电子政务和电子商务的大力发展给密码技术的实际应用带来了机遇和挑战。生物特征密码技术是现在的一个研究热点，由于应用的需要，它也将是未来的一个发展方向。轻量级密码技术（适度安全的密码技术）的研究也已成为当前备受关注的一个方向。

● 面向新技术发展的适应性趋势。量子密码、DNA密码等可以应对新的计算能力和新的计算模式带来的巨大挑战。随着网络技术的广泛普及和深度应用，密码技术的研究也将呈现出网络化、分布式发展趋势，并带动新技术和应用模式的产生。

培训课程 3 分布式系统技术与应用

学习单元 1　分布式系统概述

一、分布式系统的概念

分布式软件系统即支持分布式处理的软件系统，是在由通信网络互联的多处理机体系结构上执行任务的系统。它包括分布式操作系统、分布式程序设计语言及其编译（解释）系统、分布式文件系统和分布式数据库系统等。

分布式程序设计语言用于编写运行于分布式计算机系统上的分布式程序。一个分布式程序由若干个可以独立执行的程序模块组成，它们分布于一个分布式处理系统的多台计算机上被同时执行。分布式程序与集中式程序设计语言相比有三个特点：分布性、通信性和稳健性。

分布式数据库系统由分布于多个计算机节点上的若干个数据库系统组成，它提供有效的存取手段来操纵这些节点上的子数据库。分布式数据库系统是由若干个站集合而成的。这些站又称节点，它们在通信网络中连接在一起，每个节点都是一个独立的数据库系统，它们都拥有各自的数据库、中央处理机、终端，以及各自的局部数据库管理系统。因此，分布式数据库系统可以看作是一系列集中式数据库系统的联合，它们在逻辑上属于同一系统，但在物理结构上是分布式的。

二、分布式系统的分类

分布式计算机系统的体系结构可以处理机之间的耦合度为主要标志来加以描述。耦合度是系统模块之间互联的紧密程度，它是数据传输率、响应时间、并行处理能力等性能指标的综合反映，主要取决于所选用体系结构的互联拓扑结构和通信链路类型。

按地理环境衡量耦合度,分布式系统可以分为机体内系统、建筑物内系统、建筑物间系统和不同地理范围的区域系统等。耦合度由高到低按应用领域的性质可以分成三类。

第一类是面向计算任务的分布并行计算机系统和分布式多用户计算机系统,它们要求尽可能高的耦合度,以分担大型计算机和分时计算机系统所完成的工作。

第二类是面向管理信息的分布式数据处理系统,其耦合度可以适当降低。

第三类是面向过程控制的分布式计算机控制系统,其耦合度要求适中。但对于某些实时应用,其耦合度的要求可能很高。

三、分布式系统的特征

分布式系统应具有以下 4 个特征。

1. 分布性

分布式系统由多台计算机组成,它们在地域上是分散的,可以散布在一个单位、一个城市、一个国家甚至全球范围。整个系统的功能是分散在各个节点上实现的,因而分布式系统具有数据处理的分布性。

2. 自治性

分布式系统中的各个节点都包含自己的处理机和内存,各自具有独立的数据处理功能。通常,各节点彼此在地位上是平等的,无主次之分,既能自治地进行工作,又能利用共享的通信线路来传送信息,协调任务处理。

3. 并行性

一项大的任务可以划分为若干子任务,分别在不同的主机上执行,体现了分布式系统的并行性。

4. 全局性

分布式系统中必须存在一个单一的、全局的进程通信机制,使得任何一个进程都能与其他进程通信,并且不区分本地通信与远程通信,还应当有全局的保护机制。系统中所有主机上都应有统一的系统调用集合,它们必须适应分布式的环境。

四、分布式系统的优点

1. 资源共享

若干不同的节点通过通信网络彼此互联,使一个节点上的用户可以使用其他节点上的资源，如允许设备共享，使用户共享外部设备；允许数据共享，使用户访问共用的数据库；允许共享远程文件，使用远程交互特有的硬件设备（如高速阵列处理器）等。

2. 加快计算速度

如果一个特定的计算任务可以划分成若干并行运行的子任务，那么可把这些子任务分散到不同的节点上，使它们同时在这些节点上运行，从而加快计算速度。另外，分布式系统具有计算迁移功能，如果某个节点上的负载太重，可把其中一些作业移到其他节点去执行，从而减轻该节点的负载，这种作业迁移称作负载平衡。

3. 可靠性高

分布式系统具有高可靠性，即使其中某个节点失效了，其余的节点仍可以继续运行，整个系统不会因为一个或少数几个节点的故障而崩溃。

系统能够检测节点的故障，并采取适当的手段使其从故障中恢复过来。系统在确定故障所在的节点后，便不再利用该节点来提供服务，直至其恢复正常工作为止。如果失效节点的功能可由其他节点完成，则系统能保证功能转移的正确实施。当失效节点被恢复或者修复时，系统能把它平滑地集成到系统中。

4. 通信方便快捷

分布式系统中各节点通过一个通信网络连接在一起。通信网络由通信线路、调制解调器及通信处理器等组成，不同节点的用户可以方便地交换信息。在低层，系统间利用传递消息的方式进行通信，这类似于单 CPU 系统中的消息机制。而单独系统中所有高层的消息传递功能都可以在分布式系统中实现，如文件传递、系统登录、邮件发送、Web 浏览及远程过程调用。

分布式系统可实现节点间的远距离通信，不同地区的人们可以共同完成一个项目，通过传送项目文件，远程登录进入对方系统来运行程序、发送电子邮件等，协调彼此的工作。

学习单元 2　分布式系统的应用

一、分布式操作系统

分布式操作系统负责管理分布式处理系统资源和控制分布式程序运行。它和集中式操作系统的区别在于资源管理、进程通信和系统结构等方面。

分布式操作系统由共享内存和任务的服务器集群组成。这些服务器协同工作，能够提供比单个大型计算机服务器更大的功率。分布式操作系统之所以性能更强，是因为其负载分布在多个服务器上。计算机容量即计算机系统的最大可用处理能力。通常，根据硬件平台的可用内存和计算机处理单元的数量来计算分布式系统的计算机容量。

分布式操作系统使用特定的算法来处理任务，这种设计是为了根据优先级和预期的处理时间能在多个服务器上处理单个任务。

循环算法是分布式操作系统中使用简单算法的示例。此技术基于简单的计数算法，将传入的计算机任务分配给多个服务器，每个任务都分配一个与可用服务器链中的特定服务器相对应的特定编号。

某些分布式操作系统模型用于监视链中每个服务器的可用容量，与简单的循环技术相比，具有更好的性能，因为服务器负载基于实际可用的处理能力。

二、分布式文件系统

分布式文件系统是指文件系统管理的物理存储资源不一定直接连接在本地节点上，而是通过计算机网络与节点（可简单理解为一台计算机）相连的，或是由若干不同的逻辑磁盘分区或卷标组合在一起而形成的完整的、有层次的文件系统。分布式文件系统为分布在网络上任意位置的资源提供了一个逻辑上的树形文件系统结构，从而使用户访问分布在网络上的共享文件时更加方便。

分布式文件系统的发展大体上经历了三个阶段：第一个阶段是网络文件系统，第二个阶段是共享 SAN 文件系统，第三个阶段是面向对象的并行文件系统。

单纯通过增加硬盘个数来扩展计算机文件系统的存储容量的方式，在容量大小、容量增长速度、数据备份、数据安全等方面的表现都不尽如人意。分布式文件系统可以有效解决数据的存储和管理难题，将固定于某个地点的某个文件系统扩展至多个地点/多个文件系统，由众多节点组成一个文件系统网络。系统中每个节点都可以分布在不同的地点，通过网络进行节点间的通信和数据传输。人们在使用分布式文件系统时，无须关心数据存储在哪个节点上或是从哪个节点中获取的，只需要像使用本地文件系统一样管理和存储文件系统中的数据即可。分布式文件系统是建立在客户机/服务器技术基础之上的，一个或多个文件服务器与客户机文件系统协同操作，这样客户机就能够访问由服务器管理的文件。

分布式文件系统把大量数据分散到不同的节点上存储,大大降低了数据丢失的风险。部分节点的故障并不影响整体的正常运行,而且即使出现故障的计算机所存储的数据损坏,也可以由其他节点将损坏的数据恢复。分布式文件系统通过网络将大量零散的计算机连接在一起,形成一个巨大的计算机集群,使各主机均可以充分发挥其价值。

三、分布式数据库系统

分布式数据库系统包含分布式数据库管理系统和分布式数据库。在分布式数据库系统中,一个应用程序可以对数据库进行透明操作,数据库中的数据分别在不同的局部数据库中存储,由不同的分布式数据库管理系统进行管理,在不同的机器上运行,由不同的操作系统支持,被不同的通信网络连接在一起。

一个分布式数据库在逻辑上是一个统一的整体,在物理上则分别存储在不同的物理节点。一个应用程序通过网络的连接可以访问分布在不同地理位置的数据库,这就是分布式数据库与集中式数据库的区别。从用户的角度看,一个分布式数据库系统在逻辑上和集中式数据库系统一样,用户可以在任何一个场地使用其他地理位置的数据库。

分布式数据库系统是在集中式数据库系统的基础上发展起来的,是计算机技术和网络技术结合的产物。分布式数据库系统适用于单位分散的部门,允许各个部门将其常用的数据存储在本地,实施就地存放本地使用,从而提高响应速度,降低通信费用。分布式数据库系统与集中式数据库系统相比具有可扩展性,能通过增加适当的数据冗余,提高系统的可靠性。

在集中式数据库中,尽量减少冗余度是系统的目标之一,因为冗余数据浪费存储空间,而且容易造成各副本之间的不一致性,而为了保证数据的一致性,系统要付出一定的维护代价。减少冗余度可通过数据共享来实现。而在分布式数据库中却希望增加冗余数据,在不同的场地存储同一数据的多个副本,其原因是:提高系统的可靠性和可用性,当某一场地出现故障时,系统可以对最近场地上的相同副本进行操作,不会因一处故障而造成整个系统瘫痪,减少通信代价,改善整个系统的性能。

四、分布式邮件系统

分布式邮件系统即同一域名下跨地域部署的邮件系统,适用于在各地设有分部的政府机构或者大型集团,能有效提高邮件服务器的应用效率。分布式邮件系统由多个数据中心组成，大量分支机构或较小的分散站点与数据中心进行连接。分支机构需要建立自己的邮件服务器，以加快处理当地分支机构的邮件。

职业模块 4　区块链应用操作常用知识

培训课程1　文档写作的一般要求
　　学习单元1　需求文档的写作要求
　　学习单元2　设计文档和操作文档的写作要求
　　学习单元3　测试文档和运维文档的写作要求
　　学习单元4　项目管理文档的写作要求

培训课程2　区块链中的英文专业术语

培训课程3　区块链相关政策、行业规范
　　学习单元1　区块链相关政策
　　学习单元2　区块链相关标准
　　学习单元3　新发布标准重点解读

培训课程 1

文档写作的一般要求

学习单元 1　需求文档的写作要求

一、收集资料

1. 调研人员根据项目实际需要收集项目相关资料，包括以下信息：
（1）产品相关信息。
（2）客户相关信息。
（3）业务相关信息。
2. 调研人员整理相关资料并编制"产品资料管理表"。

二、评价资料

1. 调研人员与项目负责人划分资料信息可用等级。
2. 按照公司信息安全程序文件，如"信息保密级别分类及管理程序"划分资料保密等级。
3. 调研人员根据划分的结果修改"产品资料管理表"。
4. 项目负责人对资料内容进行确认。

三、策划调研过程

1. 调研人员从组织资产库中收集类似项目的"系统调研执行标准"，并根据项目的实际情况对其进行修订。
2. 调研人员策划调研过程，并编写"系统调研执行方案"。
3. 项目负责人审核并批准"系统调研执行标准"和"系统调研执行方案"。

4. 项目负责人根据"系统调研执行方案"的内容调整项目计划书。

四、沟通客户

1. 项目负责人与客户协商确定客户协调人。
2. 调研人员与客户协调人对"系统调研执行方案"进行讨论协商。
3. 调研人员与客户协商确定用户代表和需求决策者。
4. 调研人员与客户协调人协商需求调研过程中使用的技术和方法。
5. 调研人员根据客户协商的结果调整"系统调研执行方案"。
6. 项目负责人审核并确认调整的结果。
7. 调研人员与客户签订"项目调研过程确认单"。

五、启动调研

1. 项目负责人、调研人员及客户协调人召开有调研客户参加的调研启动会。
2. 调研人员与调研客户相互介绍。
3. 调研人员就"系统调研执行方案"定义的调研内容和方式与调研客户进行确认。

六、执行调研

1. 调研人员根据"系统调研执行方案"对客户进行需求调研。

（1）收集调研客户提供的资料，编写"产品资料管理表"。

（2）收集调研客户系统现状，编写"客户现有系统说明"，并编制"客户现有系统一览表"和"客户现有系统网络拓扑图"。

（3）收集调研客户组织分工及人员构成，编制"客户角色一览表""客户档案管理表"和"客户组织结构图"。

（4）收集调研客户现有业务过程的需求，编写"功能性需求说明书"和"功能性需求一览表"，并标注功能性需求的发生频率，划分重要级别。

（5）收集调研系统的非功能性需求，编写"非功能性需求说明书"和"非功能性需求一览表"，并标注重要级别。

（6）收集和调研客户对系统交付的需求，编制"产品交付管理表"。

（7）收集和调研客户自备（自购）的产品需求，编制"客户自备产品一览表"。

（8）收集调研客户介入的需求，编制"客户介入管理表"。

（9）收集和调研客户系统外部环境，编制"客户系统外部环境说明"。

（10）收集和调研客户高层管理者对系统的期望和愿景，编写"客户系统愿景说明"。

2. 调研人员在收集调研客户需求的过程中，应对调研的内容与客户进行反复沟通和确认，最终在与客户达成一致理解后，整合上述资料形成"需求调研报告"。

七、识别遗留问题

1. 调研人员分析需求调研结果。

（1）收集整理客户遗漏信息。

（2）识别不明确项。

（3）识别内部矛盾。

（4）识别外部矛盾。

2. 调研人员整理分析讨论内容并编制"需求调研报告"中的"客户需求遗留问题管理表"和"客户需求问卷"。

八、解决遗留问题

1. 调研人员根据"客户需求遗留问题管理表"中记录的问题与客户进行讨论。

2. 对于无法讨论明确的问题，根据"客户需求问卷"采用问卷的方式进行量化明确。

3. 调研人员召开由客户高层管理者参加的正式会议，明确遗留问题。

4. 重复执行以上步骤直到遗留问题得到解决。

5. 对于始终无法明确的问题应在"客户需求遗留问题管理表"中标注，在后期的工作中重点跟踪。

6. 项目负责人对调研遗留问题进行批准认可。

7. 调研人员整理系统调研结果，并更新"需求调研报告"。

九、编制产品需求分析标准

1. 需求分析人员从组织资产库中选取类似项目的需求分析标准，根据当前项目实际特点对标准进行修改，编制"产品需求分析标准"。

2. 项目负责人对"产品需求分析标准"进行确认。

十、确定用语定义标准

1. 需求分析人员从组织资产库中选取类似项目的"用语定义标准",并根据项目实际情况进行修改。

2. 需求分析人员根据"用语定义标准"从"需求调研报告"的内容中抽取产品开发用到的业务术语,编制"需求规格说明书"中的"用语定义一览表"。

3. 在后续的设计开发过程中完善和修改术语的定义。

4. 项目负责人对"用语定义标准"进行确认。

十一、确定需求分析边界

1. 需求分析人员根据项目合同的约定分析客户的需求,确定需求的边界并编制"需求边界说明书"。

2. 项目负责人对"需求边界说明书"进行确认,当需求调研的结果与合同约定不一致时,要同客户进行沟通,对需求的边界进行确认。

十二、分析业务过程

需求分析人员针对"需求调研报告"中"系统功能性需求说明书"和"系统功能性需求一览表",分析业务过程的需求,编写"需求规格说明书"。

1. 分析整体业务过程,编制"业务整体流程图"和"业务过程一览表"。

2. 拆分业务过程,定义业务功能,编写"业务功能说明书"和"业务功能一览表",并标注需求发生的频率和重要级别;抽取业务实体,编制"业务实体一览表"和"业务实体关系图"。

3. 整理业务实体与业务功能之间的关系,绘制"业务功能流程图"。

4. 根据"客户角色一览表"和业务功能分析系统角色编制"系统角色一览表"。

5. 根据分析的结果,依据"用语定义标准"进一步完善和修改"用语定义一览表"中的术语定义。

十三、分析业务数据

1. 需求分析人员分析业务数据需求。

(1) 根据客户的需求和业务过程,分析定义系统主题数据库,编制"主题数据库定义表"。

（2）分析业务实体以及相互关系，定义数据实体，并根据主题数据库的定义编制数"数据实体定义表"（基本表）。

（3）分析数据安全需求，设定数据实体安全级别。

（4）分析数据实体之间的关系，编制"数据实体关系图"。

（5）根据分析的结果，进一步完善和修改"用语定义一览表"中的术语定义。

2. 在进行数据结构和数据库设计时，可参考"应用系统设计安全规范"进行系统安全设计。

十四、分析业务功能

1. 分析业务功能的输入输出，设计关联账票，细化内部流程。

2. 分解复杂的业务功能，合并共性业务功能。

3. 识别并细化接口功能。

4. 根据分析的结果细化"业务功能说明书""业务功能一览表"和"业务功能流程图"，并编制"接口功能一览表"和"接口功能说明书"。

5. 分析系统角色与业务功能的关系，调整"系统角色一览表"中系统角色的定义，编制"角色－功能关系表"。

6. 分析数据实体与业务功能的关系，编制"数据－功能关系表"和"数据流图"。

7. 根据分析的结果进一步完善和修改"用语定义一览表"中的术语定义。

十五、分析非功能性需求

1. 需求分析人员编制"应用技术一览表"。

2. 需求分析人员编制"界面样式一览表"。

3. 需求分析人员根据"非功能性需求一览表"和"非功能性需求说明书"对系统的效率、可靠性、信息安全性等需求进行分析，并编制"非功能性需求分析报告"。

4. 根据分析的结果进一步完善和修改"用语定义一览表"中的术语定义。

十六、整理需求结果

1. 需求分析人员对各项需求进行综合评价，平衡各项需求的关系，设置需求的优先级别并就需求的优先级别设置与客户进行确认，根据确认结果修改"业务过程一览表"和"业务功能一览表"。

2. 需求分析人员根据客户需求检查需求的定义和标识,确认是否有遗漏的客户需求,并根据"需求调研报告"和"需求规格说明书"中的"业务过程一览表"和"非功能性需求分析报告",编制"客户-产品需求对应表"。

3. 需求分析人员根据"客户需求遗留问题管理表"和需求分析的结果编制"需求缺陷管理表",按照"缺陷处理规程"处理需求缺陷。

4. 测试人员根据需求分析的结果编制"测试用例表"。

5. 需求分析人员综合需求分析的结果编制"需求规格说明书"。

6. 根据分析的结果进一步完善和修改"用语定义一览表"中的术语定义。

十七、准备确认材料

1. 需求分析人员就分析的结果与客户进行沟通。

2. 开发系统原型,可以从组织资产库中选取类似的系统改造成为系统原型,或者根据需求分析结果开发系统原型。

3. 根据需求分析编制幻灯片、图表、文字等形式的产品需求确认材料。

4. 编制对需求进行量化确认的客户需求问卷。

5. 项目负责人对提交给客户的系统原型和材料进行确认。

十八、准备确认材料

1. 需求分析人员利用系统原型和确认材料向客户展示需求分析的结果。

2. 与客户就需求的细节问题进行讨论,对需求进行进一步明确。

3. 记录需求确认的结果,修改需求分析文档,编制"产品需求确认书"并征得客户签字认可。

学习单元2 设计文档和操作文档的写作要求

一、设计文档

1. 设计业务模块

系统设计人员根据"需求规格说明书""业务功能设计评价标准"和架构设计

的内容进行业务功能模块的设计。

（1）根据功能性需求细化业务功能，划分业务模块，界定各业务模块的功能范围，编制"业务功能模块一览表"。

（2）设计各个业务模块的功能入口、出口和内部业务流程，描述各个业务模块的操作过程，编制"业务功能模块流程图"和"业务模块功能说明"。

（3）根据系统运营部署的设计内容设计业务模块部署分布，编制"业务模块部署对应表"。

2. 设计业务模块功能接口

系统设计人员根据"需求规格说明书""系统架构设计书"和业务模块设计的内容进行接口模块的功能设计，并编写"功能模块关系图""接口模块功能说明""接口模块一览表"。

（1）设计系统组件之间的接口功能：根据系统各个组件的交叉点确定相互调用、衔接的业务模块和方式，明确接口功能。

（2）设计系统外部接口模块功能：设计系统外部介入功能的方式、外部数据的进入方式，内部业务对外开发的方式、内部数据对外输出的方式。

3. 设计业务数据结构

（1）系统设计人员根据"需求规格说明书""系统架构设计书"、业务模块设计和主题数据库进行系统数据结构设计。

（2）根据需求和数据实体关系规划分组数据表（按功能可分为：各个业务的基础业务表、业务功能控制表、业务参数表、外部接口表等）。

（3）按照数据库设计规范定义各个数据表的名称、内容、功能、内部关键字、外部关键字，编制"数据表一览"和"字段一览"。

（4）描述各个数据表之间的数据流关系，根据分析结果编写"数据表关系图"。

4. 整理业务功能设计

（1）系统设计人员根据非功能性需求和架构设计的内容，对业务功能的设计进行优化。

1）提高系统运行性能。

2）提高系统运行可靠性。

3）提高系统运行安全性。

4）提炼业务功能，进行业务功能评价。

（2）系统设计人员根据系统优化的结果修改业务模块、接口及数据结构的设计，并编制"业务功能优化说明"和"共性业务功能评价表"。

（3）系统设计人员综合分析业务功能设计，平衡各个业务功能模块的关系，划分业务功能的重要性并修改"业务功能模块一览表"。

（4）系统设计人员根据需求库分析业务功能模块与需求的关系，为业务功能模块分配需求，修改"业务功能模块一览表"。

（5）系统设计人员根据业务功能模块的设计编制"业务功能测试用例表"，进一步明确设计。

（6）系统设计人员整理业务功能设计内容，编写"业务功能设计书"。

二、操作文档

1. 开发终端环境的设定

根据开发终端环境设定步骤，进行各终端的环境设定。

2. 程序代码的编写

遵循编程规范，配置管理规范，按照各自的设计文档对每一个用例进行程序编写。

3. 共通库需求的开发

发生对共通库（如 tag）进行功能追加的需求时，需要申请与软件构架人员进行协商。

4. 进行程序代码评审

对每一位程序员进行程序代码评审，评审人员需要由软件架构人员以及项目以外能力较高的人员担任。

5. 制作程序代码评审记录，通知相关人员

制作程序代码评审记录，该记录需要通知全体相关人员。

学习单元3 测试文档和运维文档的写作要求

一、测试文档

1. 测试计划制订及管理

根据批准的需求规格说明书和相关设计文档，确定项目测试阶段的目标和策

略，确保测试工作有序、有效进行。

（1）确定系统的测试需求，如功能需求、性能需求、安全性需求、可使用性需求等需求说明书中说明和潜在的需求。

（2）测试负责人与项目经理协商，逐步确定测试项目的测试范围、测试粒度（覆盖标准）、测试方案以及测试阶段的出入口准则。

（3）根据项目的复杂度和以往的测试数据，初步估计测试项目工作量，制定测试计划的进度安排，逐步细化测试方案并进行测试规模估计。测试进度安排中要留有合理的 bug 测试和用例管理时间。

（4）形成测试计划书（可包括单元、集成、系统阶段）并提交测试负责人、项目经理或测试部门经理审核，审核通过后提交项目经理批准。同时，测试负责人可发起测试计划的评审，审核批准通过则放入开发配置库。

（5）当项目开发计划或测试需求发生变更时，应考虑测试计划是否需要变更。

2. 测试用例设计及管理

根据批准的需求规格说明书和相关设计文档，策划测试过程执行依据，确保测试范围有效并正确。

（1）用例设计

1）测试人员参与需求评审，正确理解系统需求并确认需求的可测性，获取测试项目需求。

2）根据批准的测试项目需求（在测试计划中有测试需求的详细描述）、测试目标的逻辑实现和约束、测试工具及其测试环境等限制条件，设计测试用例，并确定系统测试中自动测试和手工测试的范围。

3）测试负责人组织相关人员进行测试用例评审，从而提高测试用例的质量。系统测试用例审核人可以是测试负责人、项目经理或测试部门经理，批准人为项目经理。

4）测试负责人负责基于系统进行详细设计，确定单元测试范围和粒度、有效路径和值域等，同时组织开发人员进行单元测试中自动和手动测试用例的编写，并组织相关人员进行评审。

5）测试负责人组织开发人员编写集成测试用例，并组织相关人员进行正式或非正式评审。

6）当第一个创建版本提交后，测试负责人组织设计、编写、录制测试脚本，并在测试用例文档自动测试脚本一栏填写测试脚本的路径。如果没有使用 bug 管理工具和自动化测试工具，则必须在测试用例相应栏目填写测试结果。自动化功能测试脚本主要应用于冒烟测试和回归测试。

（2）用例管理

1）测试负责人负责进行阶段测试用例的实施、跟踪及用例统计分析、测试用例改进等管理活动。

2）当软件需求或设计变更引起测试需求变更时，将变更测试用例文档。

3）测试负责人实时或定期根据测试用例bug数据、状态和执行情况进行分析，以确定是否需要为目前测试的模块设计新的测试用例，对不稳定的模块，测试负责人负责与项目经理讨论确定测试范围、粒度和执行方案等，并指定相关人员完成新增测试用例的编写。

4）新增测试用例批准后由测试人员执行。

3. 测试程序设计和管理

设计、编写和管理测试程序、自动化测试脚本和其他辅助测试程序和脚本，以提高测试效率和测试质量。

（1）根据测试需求，设计测试程序和脚本。

（2）选择相应的开发语言编写测试程序和脚本，除了完成测试所需的功能外，还应考虑模块的重用并注重代码简洁。

（3）测试计划中指定要用测试工具实现的用例，脚本必须符合测试工具的编码规范。

（4）对于平台级的产品，在测试没有界面的接口时可以考虑通过编写测试程序或脚本实现。

（5）没有现成工具可使用的性能测试也可以通过编写测试程序或脚本模拟实际环境进行测试。

（6）应开发单元测试和集成测试所需的桩模块和驱动模块。

（7）脚本必须在动态维护过程中为可重复利用的模块建立公共库，以实现资源共享。

4. 测试bug管理

包括对所发现bug的记录、审查、跟踪、分配、修改、验证、关闭、整理、分析、汇总以及删除等一系列活动状态的管理。

（1）系统管理员在bug管理工具中建立项目名称以及与被测试项目相关的人员名单，并为相关人员指定相应的角色和权限。

（2）测试人员发现 bug 并在 bug 管理工具如 bugfree 中记录，测试负责人审核 bug 的有效性。

（3）测试负责人跟踪 bug 分配，以确保 bug 没有被忽略。

（4）测试负责人负责定期生成测试进展通报表，向项目组成员、项目经理、测试部门经理、高级经理通报每天产生的 bug、bug 总数、bug 状态等有效信息，同时根据这些数据调整测试策略和资源分配，或者判断是否可以结束测试。对于有争议的 bug，应报请测试经理，由测试经理组织讨论后进行裁决，并生成测试问题报告单。

结束测试项目后，测试负责人利用 bug 管理工具生成 bug 统计数据，分析项目的 bug，并将其作为编写测试分析报告的数据来源之一。

5. 测试分析报告编写及管理

编写测试分析报告是一个评价测试活动和产品质量的活动过程。测试分析报告可通过分析 bug 的数量、性质、分布情况，评价软件的能力和限制及总结软件测试计划的执行情况得出，可作为同类项目测试计划和测试用例的编写参考依据。

（1）测试负责人从 bug 管理工具中统计分析 bug 的数量、性质、分布情况，提取相关数据并形成图表。如每个测试工作日产生的 bug、关闭的 bug、延迟的 bug，总的 bug 数量，bug 模块分布，测试人员发现的 bug 数量，开发人员发现的 bug 数量，bug 的严重等级分类，模块的千行出错率，被测系统的千行出错率等数据。

（2）测试分析报告的编写具体可参考度量汇总表的有关统计项。

（3）测试负责人评价软件能力，包括缺陷和限制。

（4）测试负责人评价测试过程本身，通过和测试计划的比较，对进度、工作量、测试需求和测试范围以及测试用例的设计进行评价。

（5）测试部门经理审批测试分析报告。

（6）测试分析报告入库后实行统一的配置管理。

6. 单元测试

使用测试用例及相应编码规则，验证程序代码（函数、接口等）是否已按照系统设计的方式调用执行，并产生预期的结果。

（1）测试负责人组织制订测试计划（在单元测试中，测试负责人通常是项目经理）。

（2）测试人员在符合规定测试环境的条件下，使用指定测试及管理工具与编码规则和单元测试用例，从配置库中提取标识代码模块实施测试活动。

1）静态测试：根据开发计划和测试计划安排，由项目经理指定人员依据编码规则对单元模块代码进行走读或同行评审，及时发现、记录并修订代码中存在的语法规范或逻辑错误。

2）动态测试（包括动态分析）：根据开发计划和测试计划安排，测试人员设计单元测试用例，编写驱动模块和桩模块，然后执行单元测试用例。可以使用一些测试工具自动生成部分测试用例，并生成相应的测试程序。

（3）记录、跟踪并修改发现 bug。

（4）测试负责人组织编写测试报告。

7. 集成测试

执行批准的集成测试用例，验证通过单元测试的各功能模块的独立功能及其接口、数据传输的正确性，确保各功能模块满足系统设计所规定的特性。

（1）测试负责人组织制订集成测试计划，测试计划中应该明确要集成的组件和集成的顺序并记录选择该顺序的理由（必要时，可以使用决策分析流程对多种选项进行决策），明确集成环境的要求，定义集成测试的步骤和准则。在集成测试中，测试负责人可以是项目经理。

（2）按照集成计划，建立集成环境。

（3）测试人员在符合规定测试环境的条件下，使用指定测试及管理工具与编码规则和集成测试用例，从配置库中提取需要集成的代码模块并实施测试活动。

1）检查集成顺序是否合理，如果有不合理的地方应及时进行修订。

2）测试人员根据测试计划，检查相关的组件是否已经登记到配置库。

3）测试人员根据集成计划，将通过单元测试的模块逐步集成。

4）设计测试用例，编写驱动程序和桩程序，执行测试用例。

（4）记录、跟踪并修改发现的 bug。

（5）测试负责人组织编写测试报告。

8. 系统测试

执行系统测试用例，验证已通过各阶段测试的功能模块是否已具有满足需求规格说明所规定的功能、质量和性能等方面的特性。

（1）项目正式立项后，项目组递交测试申请（见测试申请表）和需求跟踪矩阵，经高级经理批准后，由测试部门经理指定测试负责人，或由项目组自行负责系统测试。

（2）测试负责人建立测试小组，申请相关的测试资源（如购买新资源或利用现有资源等）并搭建测试环境。要求在完全模拟预期的实际环境中进行测试，如部分预期环境无法模拟，则应在测试分析报告中详细说明，并在用户现场环境中实施确认。

（3）测试人员参与需求和设计评审。

（4）测试负责人根据需求说明书和设计说明书编写测试计划和测试用例，在测试计划中要确定测试需求、测试方案、测试环境、测试进度安排、测试出入口准则、测试工具（包括功能自动化测试工具和性能测试工具）等。

（5）测试负责人组织测试计划和测试用例评审，最终通过测试计划和测试用例审核和批准。

（6）测试负责人负责对项目组成员进行培训，培训内容包括测试规范、测试工具、管理工具等。项目组负责对测试人员进行项目本身的相关培训。

（7）测试人员按照创建计划从项目组配置库中提取源码进行日创建（或者定期创建）。日创建和脚本需即时放入配置库。对于测试脚本产生的自动化测试用例，应该在测试用例文档自动测试脚本一栏标明配置库存放路径。

（8）测试实施全过程中，始终存在测试计划变更、测试用例变更以及bug管理过程。可参考测试计划制订和管理、测试用例设计及管理和bug管理方案执行。

（9）测试负责人定期对系统测试质量、测试效果及进度情况进行评估，确定测试覆盖完整性，检验测试结果是否达到测试出口准则或停止准则。测试负责人必须定期向高级经理、项目经理、测试部门经理、项目组成员、测试人员等通报测试状况，具体内容参考测试进展通报表。

（10）当测试实施过程中项目组和测试组发生争议时，必须报请上级领导进行协调，高级经理协调不成功可以继续向研发总部总经理申报，对于无法正常结束测试的项目应由研发总部总经理批准例外放行。

（11）系统测试结束后，测试负责人负责汇总、分析测试结果，形成测试分析报告并提交评审。

（12）对需在用户现场验证的需求，应由相关工程人员进行确认，并把结果记入用户问题反馈单，用户对产品的要求等也一并记入用户问题反馈单，并交给项目组进行修改。

二、运维文档

1. 系统建设前期，一定要做好系统的需求文档、设计文档和实施文档。在系统建设过程中要依据前期的文档实施和设计，并生成系统相关的问题总结文档和更新实施文档。

2. 系统建设完成后要基于系统的业务能力和使用对象编写操作手册和运维手册等。

3. 业务在交付时一定要与文档同行，否则系统上线后出现问题会导致运维人员手忙脚乱，不知道从何下手处理。

4. 运维文档类型包括配置文档、实施文档、设计文档、系统规范性文档、项目管理文档等，均应归类保存。保存时应做到一式两份，运维部门一份，档案室一份。

5. 运维人员一定要具备相应的文档编写能力和整理能力，同时一定要严格按照之前的文档实施工作，有问题要及时沟通，并把修正后的问题更新到文档中。

6. 建立知识库，收录运维过程中出现的问题及问题解决办法和思路，另外最重要的是将对运维事件的总结记录在案。

学习单元 4　项目管理文档的写作要求

一、项目计划书的编制

1. 工作分解

（1）项目负责人根据"工作分解标准"进行开发工作分解，并在"工作产品一览表"中记录。

（2）项目负责人根据"工作分解标准"进行管理工作分解，并在"工作产品一览表"中记录。

（3）除项目本身任务外，项目负责人根据"改进项目计划书"中的内容，增补与项目相关的任务。

2. 建立项目体制

（1）项目负责人参照"项目估算表"及"工作产品一览表"确定项目成员的

需求。

（2）项目负责人通过技术履历管理系统获得可供资源信息，并报给项目责任人。

（3）当项目责任人不是部门经理时，项目责任人要与部门经理协商确定项目成员计划。

（4）项目负责人与项目责任人协商确定项目体制图。

3. 确定项目目标

（1）项目负责人根据"发注内容确认单"，参照"度量数据汇总表"确定项目目标（含目标值）。

（2）项目负责人从"过程性能和模型报告"中选择适合本项目的过程能力基线和模型。

（3）当客户要求与组织目标及性能基线有差异时，需判定目标要求的合理性与可行性，并与客户沟通，最终确定目标。

（4）项目负责人将上述信息复制到"项目定量管理报告"中，作为项目管理的基础指导并支持项目负责人制定项目目标。

4. 项目日程计划编制

（1）项目负责人参考"度量数据汇总表"，制定"基本生命周期权重表"。

（2）在编制总体计划时，项目负责人根据"日程计划编制标准""工作产品一览表""项目估算表""项目体制表"和"基本生命周期权重表"制定"大日程计划/实际表"和"管理工作计划表"。

（3）在编制阶段计划时，项目负责人根据"日程计划编制标准""工作产品一览表""项目估算表""项目体制表"和"基本生命周期权重表"制定"中日程计划/实际表"。

5. 安全管理计划编制

（1）确定安全需求。主要从以下几方面确定安全需求。

1）开发过程中。

2）产品自身。

3）客户的沟通方式及沟通过程中。

4）客户资料的保管、使用、废弃等方面。

（2）确定安全控制措施。主要从以下几方面入手确定安全控制措施。

1）识别现有。

2）确定新增。

3）客户资料管理机制。

4）系统测试数据经客户许可,接触数据人员签订保密协议,不得拷贝数据,测试后删除数据。

5）系统安装环境要求添加安全补丁。

(3) 确定安全事件响应处理机制。

1）建立处理机制,明确责任。

2）对发生的安全事件及时响应和处理。

3）对安全事件进行总结,分析原因,实施整改及预防措施。

4）对相关责任人进行处理。

(4) 与客户达成安全共识。

(5) 将安全需求及措施等记录在"项目安全管理计划表"中。

6. 教育培训计划编制

(1) 项目负责人参考"项目体制表",查阅技术履历管理系统,确定是否需要培训。

(2) 当需要培训时,编制"教育培训计划表"。

(3) 当需要进行组织级培训时,确定培训的内容、人员,经部门经理批准后,向培训部门提交"月份培训需求调查表"。

(4) 当需要组内培训时,确定培训的内容、讲师及受训人员,记入"教育培训计划表"。

(5) 当需要以"传帮带"方式进行培训时,确定培训的内容、结对人员,记入"教育培训计划表"。

7. 沟通管理计划编制

项目负责人参考"工作产品一览表""发注内容确认单"等,确定项目组内沟通和项目组外沟通内容,并记入"沟通管理计划表"。

8. 其他相关计划编制

项目负责人及相关人员参考输入的资料,编制以下计划。

(1) 项目负责人根据"度量规程",编制"度量分析计划表"。

(2) 项目负责人同 PPQA(process and product quality assurance,过程与产品质量保障)人员协商,制订"项目质量管理计划"。

(3) 配置管理员与项目负责人协商编制"项目配置计划书"。

（4）项目负责人根据项目需要，与设备管理员协商确定"环境配置计划表"。

（5）项目负责人编制"组间依赖关系表"。

（6）项目负责人识别项目组需要管理的资料，并记入"配置项标识表"。

（7）项目负责人编制"供应商管理记录表"。

（8）项目负责人编制"项目预算表"。

二、项目监督与控制流程

1. 日常监控

（1）项目成员每天在项目管理系统和相关记录表中填写项目基本数据（工作量、规模、进度、品质等）。

（2）项目负责人确认项目成员所填写的项目基本数据的准确性。

（3）项目负责人通过与客户和项目成员的沟通进一步跟踪项目状态。

（4）项目成员主动向项目负责人汇报项目中发生的问题。

（5）项目负责人将项目的当前状态信息与项目计划对比，当偏离超出控制范围时，记入"课题一览表"。

（6）项目负责人跟踪项目中发生的问题，并分析问题原因，确定解决方案。

（7）项目组内发生工作量以外的费用时，记入"费用记录表"。

（8）当有出国人员时，按照"出国工作管理规定"执行。

2. 项目周会

（1）项目周会会议前需要做的工作如下。

1）项目负责人发出会议通知。

2）项目负责人分析项目基本数据，判定其是否满足质量目标和过程性能目标，并制定相应的纠正措施。

3）项目负责人编写"周间进度报告书"，跟踪风险项，整理"课题一览表"。

（2）项目周会会议中需要做的工作如下。

1）项目负责人主持项目周会。

2）项目负责人说明项目整体状况。

3）项目成员补充说明项目状况。

4）PPQA人员汇报检查过程中发现的主要问题。

5）项目负责人通报共通问题，并讨论解决对策，对不能在会议上确定解决方案的问题，需确定问题解决的日程及责任人。

6）项目负责人根据计划和当前实际状况安排下周工作。

（3）项目周会会议后需要做的工作如下。

1）项目负责人修改"周间进度报告书"及相关附表，同时按照信息安全要求对其进行安全处理。

2）PPQA 人员查阅"周间进度报告书"内容。

3）项目责任人批准"周间进度报告书"。

4）项目负责人将"周间进度报告书"提交客户、高层等相关人员。

5）项目负责人整理"会议纪要"，全体成员回览"会议纪要"。

3. 部门月会

（1）部门月会会议前需要做的工作如下。

1）部门经理整理更新"进行中项目一览表"。

2）部门经理提前发出会议通知。

3）项目负责人编写"项目月度报告"，整理"课题一览表"。

4）PPQA 人员编写"PPQA 月度报告"，整理"项目交付跟踪表"。

5）设备管理员整理"设备管理表"。

6）业务助理整理"外事接待一览表"。

（2）部门月会会议中需要做的工作如下。

1）部门经理主持会议。

2）项目负责人汇报项目当前状态、下个月的项目计划和项目内部无法解决的问题。

3）PPQA 人员汇报本月工作状况、下个月工作计划和检查中的共性问题，同时汇报各项目的交付情况。

4）部门经理通报共通问题，并讨论解决对策，对不能在会议上确定解决方案的问题，需确定问题解决的日程及责任人。

（3）部门月会会议后需要做的工作如下。

1）业务助理整理会议资料，并编写"会议纪要"。

2）部门经理批准"会议纪要"。

3）当出现项目滞后情况时，部门经理或指定人员编写"滞后项目分析报告表"。

4）部门成员回览会议纪要。

4. 里程碑评审

（1）里程碑评审前需要做的工作如下。

1）项目负责人发出里程碑评审通知。

2）项目负责人分析项目基本数据，判定其是否满足质量目标和过程性能目标，并制定相应的纠正措施。

3）项目负责人编写"里程碑评审报告"，整理"课题一览表"。

（2）里程碑评审中需要做的工作如下。

1）项目负责人主持会议。

2）项目负责人说明项目整体状况。

3）由项目责任人判定里程碑评审结果。

4）当里程碑判定结果为通过时，项目进入下一个阶段。

5）当里程碑判定结果为有遗留问题时，必须解决后才能进入下一个阶段。

6）当里程碑判定结果为未通过时，需进行品质改善，并确定下次里程碑评审的日期。

（3）里程碑评审后需要做的工作如下。

1）项目负责人将会议上发现的问题记入"课题一览表"。

2）项目负责人将"里程碑评审报告"提交至客户、项目责任人、PPQA人员及其他相关人员。

3）项目负责人或指定人员解决里程碑评审会上提出的问题。

5. 问题解决

（1）分析问题

1）项目负责人或指定人员向相关人员调查，分析问题原因，并记录到"课题一览表"中。

2）需要项目其他相关人员协助分析问题原因时，项目负责人协调相关人员进行问题分析。

3）无法确定问题原因时，项目负责人或指定人员应就问题现象本身确定问题排除方案，并向高一层经理汇报。

（2）确定解决方案

1）项目负责人或指定人员确定解决方案、方案实施的责任人及预计纠正日，并记录到"课题一览表"中。

2）需要项目其他相关人员协助确定解决方案时，项目负责人协调相关人员进行解决方案的确定。

3）解决方案包括以下内容：

①范围变更；

②计划变更；

③资源变更；

④过程变更；

⑤项目相关人员承诺变更；

⑥标准规范变更；

⑦工作产品变更；

⑧其他解决措施。

4）无法确定解决方案时，项目负责人或指定人员应就问题现象本身确定问题排除方案。排除方案也无法确定时，项目负责人向高一层经理汇报。

（3）执行纠正行动

1）项目负责人或指定人员按照问题解决方案或问题排除方案执行纠正行动。

2）需要项目其他相关人员协助执行纠正行动时，项目负责人协调相关人员执行纠正行动。

（4）跟踪问题处理

1）项目负责人或指定人员监督问题纠正行动的进展状况，一般监督形式包括日常监督、周会、月会等。

2）当问题解决方案或问题排除方案不合理时，项目负责人或指定人员需调整方案。

3）当满足以下条件时，将问题关闭：

①问题已解决；

②项目偏离程度被纠正到阈值范围内；

③问题原因已消除。

4）当问题无法解决时，将问题挂起并上报。

5）项目负责人或指定人员将跟踪结果记入"课题一览表"。

（5）问题上报

1）项目负责人将挂起的问题上报至高一层经理解决。

2）项目负责人负责持续跟踪挂起问题的解决情况，跟踪高层领导的决策或解决方案的制定过程，直到问题被解决。

培训课程 2 区块链中的英文专业术语

区块链中的英文专业术语及其中文翻译见表 4-1。

表 4-1 区块链中的英文专业术语及其中文翻译

英文	中文
A	
account level（multi account structure）	账户等级（多账户结构）
accounts	账户
adding blocks to...	增加区块至……
addition operator	加法操作符
addr message	地址消息
advanced encryption standard	高级加密标准
aggregating	聚合
aggregating into blocks	聚合至区块
alert messages	警报信息
altchains	竞争币区块链
altcoin	竞争币
anti-money laundering（AML）	反洗钱
anonymity focused	匿名的
antshares	小蚁
appcoin	应用币
application programming interface（API）	应用程序接口
architecture	架构
assembling	集合
attacks	攻击

续表

英文	中文
attack vectors	攻击向量
autonomous decentralized peer-to-peer telemetry	去中心化的 P2P 自动遥测系统
auxiliary blockchain	辅助区块链
authentication path	身份验证路径
B	
backing up	备份
balanced trees	平衡树
balances	余额
bandwidth	带宽
Base58Check encoding	Base58Check 编码
Base58 encoding	Base58 编码
Base-64 representation	Base-64 表示
binary hash tree	二叉哈希树
BIP0038 encryption	BIP0038 加密标准
bitcoin addresses	比特币地址
bitcoin core engine	比特币核心引擎
bitcoin ledger	比特币账目
bitcoin network	比特币网络
Bitcoin Network Deficit	比特币网络赤字
Bitcoin Miners	比特币矿工
Bitcoin mixing services	混币服务
Bitcoin source code	比特币源码
BitLicense	数字货币许可
bitcoin improvement proposals（BIP）	比特币改进提议
Bitmessage	比特信
Bitshares	比特股
BitTorrent	比特流
Blake algorithm	Blake 算法
block chain apps	区块链应用
block generation rate	出块速度
block hash	区块哈希值
block header hash	区块头哈希值

续表

英文	中文
block headers	区块头
block height	区块高度
blockmeta	区块元
block templates	区块模板
blockchains	区块链
Bloom filter	布鲁姆过滤器
BOINC open grid computing	BOINC 开放式网格计算
brainwallet	脑钱包
broad casting to network	全网广播
broad casting transactions to...	广播交易到……
byte	字节
Byzantine fault tolerant（BFT）	拜占庭容错
C	
call	调用
cross chain virtual machine（CCVM）	跨链交易的虚拟机
centralized control	中心化控制
chaining transactions	交易链条
chainwork	区块链上工作量总值
check block function（bitcoin core client）	区块检查功能（比特币核心客户端）
CHECKMULTISIG implementation	CHECKMULTISIG 实现
check sequence verify	检查序列验证
checksum	校验和
child key derivation function	子密钥派生函数
child private keys	子私钥
child pays for parent	父子支付方案
coinbase reward calculating	coinbase 奖励计算
coinbase reward	coinbase 奖励
coinbase transaction	coinbase 交易
cold-storage wallet	冷钱包
compact block	致密区块
compact block relay	致密区块中继
colored coins	彩色币

续表

英文	中文
compressed keys	压缩密钥
compressed private keys	压缩私钥
compressed public keys	压缩公钥
computing power	算力
connections	连接
consensus	共识
consensus ledger	共识账本
consensus attacks	一致性功能攻击
consensus innovation	一致性创新
consensus plugin	共识算法
Confidential Transactions	保密交易
constant	常数
constructing	构造
constructing block headers with...	通过……构造区块头
converting compressed keys to...	将压缩密钥转换为……
converting to bitcoin addresses	转换为比特币地址
conversion fee	兑换费用
consortium blockchains	共同体区块链
counterparty protocol	合约方协议
Counterparty	合约币
creating full blockchains on...	建立全节点于……
creating on nodes	在节点上创建
crypto community	加密社区
crypto 2.0 ecosystem	加密2.0生态系统
cryptocurrency	数字加密货币
currency creation	货币创造
D	
data structure	数据结构
decentralized autonomous organization	去中心化自治组织
debt token	债权代币
decentralized	去中心化
decentralized consensus	去中心化共识

续表

英文	中文
decentralised applications	去中心化应用
decentralised platform	去中心化平台
decoding Base58Check to/from hex	Base58Check 编码与十六进制的相互转换
decoding to hex	解码为十六进制
deep web	深网
decode raw transaction	解码原始交易
deflationary money	通缩货币
delegated proof of stake	股权授权证明机制
demurrage currency	滞期费
denial of service attack	拒绝服务攻击
detached block	分离块
deterministic wallet	确定性钱包
distributed exchange	去中心化交易所
difficulty bits	难度位
difficulty retargeting	难度调整
difficulty targets	难度目标
digital notary services	数字公证服务
digital currency	数字货币
distributed hash table	分布式哈希表技术
distributed autonomous corporations runtime system	分布式自治系统运行环境
distributed ledger technology	分布式账簿技术
domain name service（DNS）	域名服务
double-spend attack	双重支付攻击
double spend	双重支付
denial of service（DoS）attack	拒绝服务攻击
delegated proof of stake（DPoS）	委托权益证明机制/DPoS 算法
dual-purpose	双重目标
dual-purpose mining	双重目的挖矿
dust rule	尘额（极其小的余额）规则
E	
eavesdroppers	窃听者

英文	中文
ecommerce servers keys for...	……的电子商务服务器密钥
elliptic curve digital signature algorithm（ECDSA）	椭圆曲线数字签名算法
Eigentrust++ for nodes	用于节点的 Eigentrust++ 技术
electricity cost	电力成本
electricity cost and target difficulty	电力成本与目标难度
elliptic curve multiplication	椭圆曲线乘法
encoding/decoding from Base58Check	依据 Base58Check 编码/解码
encrypted	加密的
encrypted private keys	加密私钥
equity token	权益代币
Ethereum	以太坊
external owned account	外部自有账户
ether	以太币
extended key	扩展密钥
extra nonce solutions	添加额外随机数值的方式
extra balance	附加余额
F	
Factom	公证通
fault tolerance	容错性
Feathercoin	羽毛币
fees	费用
fast relay network（FRN）	快速中继网络
fast block relay protocol（FBRP）	快速区块中继协议
forward error correction（FEC）	向前纠错
field programmable gate array（FPGA）	现场可编程门阵列
financial disintermediation	金融脱媒
fintech	金融技术
fork attack	分叉攻击
forks	分叉
fraud proofs	欺诈证明
full nodes	完整节点/全节点

续表

英文	中文
G	
generating	生成
generation transaction	区块创始交易
generator point	生成点
genesis block	创世区块
GetBlock Template（GBT）mining protocol	GetBlock 模板挖矿协议
gettingon SPV nodes	获取 SPV 节点
GetWork（GWK）mining protocol	GetWork（GWK）挖矿协议
graphics processing unit（GPU）	图形处理单元
global unique identifier（GUID）	全球唯一标识
H	
hacker	黑客
halving	减半
hardware wallet	硬件钱包
hard fork	硬分叉
hard limit	硬限制
hash	哈希值
hardware security module（HSM）	硬件安全模块
hashing power	哈希算力
hashcash	哈希现金
hierarchical deterministic wallet system	分层确定性钱包系统
header hash	头部哈希值
heavyweight wallet	重量级钱包
hierarchy deterministic	分层确定的
honesty	诚信算力
hyperledger	超级账本
human readable format	人类可读模式
I	
identifier	标识符
immutability of blockchain	区块链不可更改性
implementing in Python	由 Python 实现
in block header	在区块的头部

续表

英文	中文
independent verification	独立验证
innovation	创新
input	输入
Internet of Things	物联网
Invertible Bloom Lookup Table（IBLT）	可逆式布鲁姆查找表
invalid numerical value	无效数值
Interplanetary Database（IPDB）	星际数据库
K	
key formats	密钥格式
key-value	键值
know your customer（KYC）	了解你的客户
L	
LevelDB database	LevelDB 数据库
light weight	轻量级
linking blocks to...	将区块连接至……
linking to blockchain	连接至区块链
Lightning network	闪电网络
linear scale	线性尺度
Litecoin	莱特币
lock time	锁定时间
locking scripts	锁定脚本
log scale	对数单位
M	
Main net	主网
managed pool	托管池
Mastercoin protocol	万事达币协议
master node	主节点
memory pool（mempool）	内存池
merkle tree	二进制哈希树
merkle root	二进制哈希树根
metachains	附生块链
mining	挖矿

续表

英文	中文
mining blocks successfully	成功产（挖）出区块
mining pools	矿池
mining rig	矿机
micropayment	小额支付
microblocks	微区块
modifying private key formats	修改私钥格式
monetary parameter alternatives	货币参数替代物
Moore's Law	摩尔定律
Multi-Party Computation（MPC）	多方计算
multi account structure	多重账户结构
multi-hop network	多跳网络
multi-signature	多重签名
multi-signature addresses	多重签名地址
multi-signature scripts	多重签名脚本
multi-signature account	多重签名账户
N	
namecoin	域名币
native token	原生代币
navigating	导航
network propagation	网络传播
network of marketplaces	市场网络
nextcoin（NXT）	未来币
NeoScrypt	N算法
nested subchains	嵌套子链
near field communication（NFC）	近场通信
node	节点
nonce	随机数
non-currency	非货币性
nondeterministic wallet	非确定性钱包
O	
off-chain	链下
on full nodes	在全节点上

英文	中文
on new nodes	在新节点上
on SPV nodes	在 SPV 节点上
on the bitcoin network	在比特币网络中
one-hop network	单跳网络
OP_RETURN operator	OP_RETURN 操作符
OpenSSL cryptographic library	OpenSSL 密码库
open source of bitcoin	比特币的开源性
open transaction	开放交易
orphan block	孤儿块
Oracle	价值中介
one-way aggregate signature（OWAS）	单向聚合签名
over the counter（OTC）	场外交易
output	输出
P	
P2P Pool	点对点方式的矿池
parent blocks	父区块
parent blockchain	主链
paths for…	……的路径
Pay-to-Script Hash（P2SH）	脚本哈希支付方式（P2SH 代码）
payment channel	支付通道
P2SH address	P2SH 地址／脚本哈希支付地址
peer-to-peer networks	P2P 网络
physical bitcoin storage	比特币物理存储
PIN-verification	PIN 验证
pool operator of mining pools	矿池运营方
post-trade	交易后
post-trade processing	交易后处理
proof of importance	重要性证明
priority of transactions	交易优先级
Primecoin	质数币
proof of stake	权益证明
proof of work	工作量证明

续表

英文	中文
proof-of-work algorithm	工作量证明算法
proof-of-work chain	工作量证明链
propagating transactions	交易广播
protein folding algorithms	蛋白质折叠算法
public child key derivation	公子密钥派生
public key derivation	公钥派生
public key	公钥
public blockchain/permissionless blockchain	公有区块链/无许可区块链
private blockchain/permissioned blockchain	私有区块链/许可区块链
pump and bump	拉升出货
purpose level（multi account structure）	目标层（多账户结构）
Python ECDSA library	Python ECDSA 库
R	
random	随机
random wallet	随机钱包
raw value	原始价格
reentrancy	可重入性
regulatory technology	监管技术
replay attacks	重放攻击
replace by fee	费用替代方案
retargeting	切换目标
recursive call	递归调用
RIPEMD160（RACE integrity primitives evaluation message digest，缩写为RIPEMD，意为"RACE原始完整性校验消息摘要"）	RIPEMD160算法
risk balancing	平衡风险
risk diversifying	分散风险
root of trust	可信根
root seeds	根种子
S	
sandbox	沙箱
script construction	脚本构建

续表

英文	中文
Script language for...	……的脚本语言
Script language	脚本语言
script	脚本
scrypt algorithm	scrypt算法
scrypt-N algorithm	scrypt-N算法
Secure Hash Algorithm（SHA）	安全哈希算法
security	安全
security thresholds	安全阈值
seed nodes	种子节点
seed	种子
seeded wallet	种子钱包
selecting	选择
soft limit	软限制
segregated witness（SegWit）	隔离见证
shared permission blockchain	共享认证型区块链
shopping carts public keys	购物车公钥
simplified payment verification（SPV）nodes	简易支付验证节点
simplified payment verification（SPV）wallet	简易支付验证钱包
sidechain	侧链
signature operations（sigops）	处理签名操作
signature aggregation	签名集合
Skein algorithm	Skein算法
smart pool	智能池
smart contracts	智能合约
solo mining	单机挖矿
solo miners	独立矿工
soft fork	软分叉
split	分割
stateless verification of transactions	交易状态验证
statelessness	无状态
state machine replication	状态机复制
storage	存储

续表

英文	中文
structure of...	……的结构
syncing the blockchain	同步区块链
system security	系统安全
subchains	子链
T	
taking off blockchain	从区块链中删除
tainted address	被污染的地址
taint analysis	污点分析
timeline	时间轴
time stamping blocks	带时间戳的区块
token	代币
token system	代币系统
token-less blockchain	无代币区块链＝私链
transaction fees	交易费
transaction pools	交易池
transaction processing	交易处理
transaction validation	交易验证
transactions independent verification	独立验证交易
transaction malleability	交易延展性
tree structure	树状结构
Trezor wallet	Trezor 钱包
Turing complete	图灵完备
two-factor authentication	双因素认证
Type-0 nondeterministic wallet	原始随机钱包
U	
uncompressed keys	未压缩的密钥
unconfirmed transactions	未确认交易
unspent transaction output（UTXO）	未花费输出
user security	用户安全性
User Token	用户代币
UTXO pool	UTXO 池
UTXO set	UTXO 集合

续表

英文	中文
V	
validating new blocks	验证新区块
validation	确认
Validation（transaction）	校验（交易）
vanity	靓号
vanity addresses	靓号地址
vanity-miners	靓号挖掘程序
verification	验证
verification criteria	验证条件
version message	版本信息
visualise transaction	可视化交易
W	
wallet import format（WIF）	钱包导入格式
wallet	钱包
white hat attack	白帽攻击
weak blocks	薄弱区块
whitelist	白名单
wildcard	通配符
X	
Xthin	极瘦区块
Z	
zero knowledge proof	零知识证明
zero code hash	零代码哈希
Zerocoin protocol	零币协议

培训课程 3

区块链相关政策、行业规范

学习单元1　区块链相关政策

一、国内区块链相关政策

据不完全统计，截至2022年10月，由中央、各部委及各省市地方政府发布的区块链相关政策超过1200项，较上年度大幅增长。从行业应用角度看，政策涵盖了区块链应用涉及的所有行业、领域与场景。与2021年相比，特别值得关注的是，与政务、司法、工业互联网、交通、知识产权、信息安全、乡村振兴等相关的区块链政策密集出台。

从地方政策角度看，目前有29个省份将区块链技术纳入其"十四五"规划。其中，广东、山东、北京、江苏、上海、浙江等地发布的区块链政策较为集中，一定程度上表明这些地区整体经济发展与区块链产业处于领先地位。

区块链技术在2016年被纳入"十三五"规划，2020年被纳入"新基建"范畴，2021年被纳入"十四五"规划，加之相关部门、各地方政府密集推出促进区块链发展的规划、政策与行动，总体来看，区块链技术发展的政策环境持续优化，并日趋完善。

2016年10月，工业和信息化部发布《区块链技术和应用发展白皮书（2016）》，书中全面阐述了国内外区块链发展现状、典型应用场景和应用分析，提出了中国区块链技术发展路线图及区块链标准化路线图，以及相关政策、应用建议等。

2016年12月，国务院印发《"十三五"国家信息化规划的通知》，在重大任务和重点工程方面，提到了区块链、基因编辑等新技术基础研发和前沿布局，构筑新赛场先发主导优势。

2017年8月，国务院印发《关于进一步扩大和升级信息消费持续释放内需潜力的指导意见》，推动信息技术服务企业提升"互联网+"环境下的综合集成服务能力，鼓励利用开源代码开发个性化软件，开展基于区块链、人工智能等新技术的试点应用。

2018年6月，工业和信息化部公布《工业互联网发展行动计划（2018—2020年）》，提出开展工业互联网关键核心技术研发和产品研制，推进边缘计算、深度学习、增强现实、虚拟现实、区块链等新兴前沿技术在工业互联网的应用研究。

2019年10月，国家互联网信息办公室发布《区块链信息服务管理规定》，明确区块链信息服务提供者的信息安全管理责任，规范和促进区块链技术及相关服务健康发展，规避区块链信息服务安全风险，为区块链信息服务的提供、使用、管理等提供有效的法律依据。

2020年1月，国务院办公厅印发《关于支持国家级新区深化改革创新加快推动高质量发展的指导意见》，提出加快推动区块链技术和产业创新发展，探索"区块链+"模式，促进区块链和实体经济深度融合。

2020年11月，文化和旅游部发布《关于推动数字文化产业高质量发展的意见》，提出支持5G、大数据、云计算、人工智能、物联网、区块链等在文化产业领域的集成应用和创新，建设一批文化产业数字化应用场景。

2021年3月，《中华人民共和国国民经济和社会发展第十四个五年规划和2035年远景目标纲要》对外公布，提出加快推动数字产业化，培育壮大人工智能、大数据、区块链、云计算、网络安全等新兴数字产业，提升通信设备、核心电子元器件、关键软件等产业水平。

2021年6月，工业和信息化部、中央网信办联合发布《关于加快推动区块链技术应用和产业发展的指导意见》，明确到2025年，区块链产业综合实力达到世界先进水平，产业初具规模；区块链应用渗透到经济社会多个领域，在产品溯源、数据流通、供应链管理等领域培育一批知名产品，形成场景化示范应用。

2021年10月，中共中央、国务院印发《国家标准化发展纲要》，强化标准在计量量子化、检验检测智能化、认证市场化、认可全球化中的作用，通过人工智能、大数据、区块链等新一代信息技术的综合应用，完善质量治理，促进质量提升。

2021年11月，工业和信息化部发布《"十四五"信息通信行业发展规划》，提出建设区块链基础设施,通过加强区块链基础设施建设增强区块链的服务和赋能能力,更好地发挥区块链作为基础设施的作用和功能,为技术和产业变革提供创新动力。

2022年4月,《中共中央 国务院关于加快建设全国统一大市场的意见》公布,提出强化标准验证、实施、监督,健全现代流通、大数据、人工智能、区块链、第五代移动通信(5G)、物联网、储能等领域标准体系。

2022年5月,国务院印发《扎实稳住经济的一揽子政策措施》,鼓励平台企业加快人工智能、云计算、区块链、操作系统、处理器等领域技术研发突破。

二、国际区块链相关政策

2021年,美国共提出35项与区块链相关的法案,涉及加密货币监管、区块链应用开发和中央银行数字货币三大领域。首先,大部分法案指向了加密货币监管,主要涉及美国证券交易委员会等监管机构;其次,是区块链与分布式账本技术方面的法案,旨在促进美国政府机构及其他经济部门更广泛地采用该技术;最后,是加大中央银行数字货币的探索力度,以应对稳定币等加密货币对美元世界储备货币地位的潜在威胁。

欧洲联盟国家主要围绕泛欧洲区块链平台建设进行战略布局,并进行相应的政策引导和资金支持。2018年以来,20多个欧洲国家与欧盟委员会联合组成了欧洲区块链伙伴关系,致力于构建欧洲区块链服务基础设施,以打造泛欧洲公共服务区块链,并为基于区块链的应用程序构建法律和监管框架,为大型研究和创新计划提供资助。在政策方面,欧盟委员会希望避免欧盟国家法律和监管的碎片化,正在针对数字资产(代币化)和智能合约领域开发相关的法律框架,在支持区块链技术创新的同时保护消费者权益。

2021年12月,印度电子信息技术部发布了区块链国家战略,旨在建立基于区块链的可信数字平台,为居民及企业提供透明、安全和可信的数字服务,同时确保印度成为区块链技术的全球领导者。印度的区块链战略提出了相应的五年路线图,包括推出国家区块链框架和搭建分布式区块链即服务托管基础设施。

2021年,除了上述国家和地区,在区块链领域同样处于领先地位的韩国、日本、新加坡、英国、阿联酋等国家基本上延续了其之前的政策路径。

此外,值得关注的是,乌兹别克斯坦、利比里亚等国家和地区2021年开始进行区块链的"数字政府"顶层设计,以此推动区块链基础设施的搭建工作,并逐步拓展区块链在政务、金融及各产业中的应用。

学习单元 2 区块链相关标准

一、国内区块链相关标准概览

据不完全统计，截至 2021 年底，我国已经发布 150 余项区块链标准，其中，国家标准 8 项，行业标准 3 项，地方标准 18 项，区块链团体标准 70 项，企业标准 54 项。从行业分类来看，属于信息传输、软件和信息技术服务业的标准共计 79 项，占比 52%，其次是金融业（30 项），占比 19.7%，随后是其他互联网服务业（14 项，占比 9%）和科学研究及技术服务业（11 项，占比 6.7%）。此外，区块链技术标准还涉及批发和零售、租赁和商务服务、教育服务等行业。总体上看，我国对区块链技术标准的研究仍以基础设施为主，应用层面的标准有待进一步开发。

2021 年是中国区块链标准化工作突飞猛进的一年，单年新增 82 项区块链相关标准，占当时区块链标准总数的 53%。其中，2021 年共新增 5 项国家标准、1 项行业标准、3 项地方标准、44 项区块链团体标准以及 29 项企业标准。

另外，我国也积极参与国际标准的制定工作。2022 年 4 月，由趣链科技牵头制定的两项 IEEE（Institute of Electrical and Electronics Engineers，电气与电子工程师协会）国际标准正式发布。2022 年 7 月，IEEE 和上海树图区块链研究院联合发布了 IEEE 国际标准《区块链系统应用接口规范》（项目编号：IEEE P3217）。这项国际标准由上海树图区块链研究院主导制定，定义并规范了区块链系统中区块链层和应用层之间的交互接口，有望对区块链行业的全球格局和长期发展产生重要影响。2022 年 11 月，由中国信息通信研究院牵头的 2 项区块链国际标准 ITU-T F.751.6 和 ITU-T F.751.7 顺利结项，进一步完善了 ITU-T 区块链国际标准体系，也标志着我国区块链评测方法向着国际化迈出了坚实的一步。2022 年 11 月 2 日至 8 日，国际标准化组织（International Organization for Standardization，ISO）区块链和分布式记账技术标准化技术委员会（ISO/TC 307）线上召开第 11 次全体会议，来自中国、澳大利亚、美国等 30 余个国家和地区成员体的 70 余位代表，以及国际电信联盟（International Telecommunication Union，ITU）、欧盟委员会、IEEE 等组织的联络代表出席会议。此次会议，中国代表团推动成立了分布式记账技术和碳市场研究组,并成功立项了区块链测试标准研究项目。下一步,工业和信息化部信息技术发展司将持续指导全国区块链和分布式记账技术标准化技术委员会(TC590)做好 ISO/TC 307 国内技术归口工作,加强国际交流合作,提升标准化对外开放水平,促进国内国际标准化协同发展,为推动全球区块链技术应用和产业发展贡献中国方案。

我国在区块链标准体系建设方面不断取得新进展,但是也仍然面临一些挑战。总体来看,主要有以下三点。

1. 不同地区、不同机构、不同行业对于区块链的理解和需求都不尽相同,制定区块链标准体系的过程中存在"各自为战"、难以统一的问题,标准可能存在差别和重叠,既不利于提高效率,也不利于后期推广。

2. 一些制定区块链标准的单位缺乏足够代表性和权威性,所制定的标准体系或存在一定限制,或难以广泛应用,造成资源浪费。因而需要监管机构和权威单位更深入地进行指导、统筹,推动我国区块链标准建设"一盘棋"展开。

3. 在国际标准制定方面参与度有待进一步提升,这对于我国区块链产业的长远发展来说是至关重要的。不能掌握国际标准话语权,就难以在国际竞争中获得切实影响力。

随着国家对于区块链标准建设日益重视,以及区块链技术日益进步、行业越发成熟,标准体系的完善将水到渠成,一定会有更多成果在未来几年里陆续落地。

二、国际区块链相关标准概览

国际标准方面,国际电信联盟、国际标准化组织、电气与电子工程师协会等具有全球影响力的机构均成立了区块链标准工作组或委员会,致力于推动区块链国际标准的制定。

国际电信联盟(ITU)是联合国的一个重要专门机构,主管信息通信技术事务,负责制定全球电信标准等,下设电信标准化部门(ITU-T)、无线电通信部门(ITU-R)、电信发展部门(ITU-D)等。ITU 既吸收各国政府作为成员加入,也吸收运营商、设备制造商、融资机构、研发机构和国际及区域电信组织等私营机构作为部门成员加盟。具体标准可到国际电信联盟官方网站(www.itu.int)查询。

国际标准化组织(ISO)是标准化领域中的一个国际性非政府组织,由世界上100多个国家或地区的标准化团体组成,中国国家标准化管理委员会代表中国积极参与其中。2016 年 9 月 12 日,国际标准化组织成立了区块链和分布式记账技术标准化技术委员会，旨在推动区块链与分布式记账技术领域的国际标准制定。具体标准可到国际标准化组织官方网站（www.iso.org）查询。

电气与电子工程师协会（IEEE）是一个国际性的电子技术与信息科学工程师的协会，也是目前全球最大的非营利性专业技术学会、电子信息领域最具权威性的国际学术组织，其下设的 IEEE 标准协会（IEEE Standards Association）是世界领先的标准制定机构，标准制定内容覆盖信息技术、通信、电力和能源等多个领域。在区块链领域，IEEE 陆续成立了区块链标准委员会、区块链和分布式记账委员会等专门机构，负责相关标准的立项、审核与批准。中国电子技术标准化研究院是区块链和分布式记账委员会的主席单位。根据 IEEE 标准官方网站（https://standards.ieee.org/）公布的信息，2020 年 3 月，第一项 IEEE 区块链标准《IEEE Standard for Data Format for Blockchain Systems（IEEE 区块链系统数据格式标准）》成功通过委员会批准，明确了区块链系统的数据格式要求，在数据结构、数据类型等方面给出规范。具体标准可到 IEEE 标准官方网站查询。

学习单元 3　新发布标准重点解读

一、《金融分布式账本技术安全规范》与国产密码算法改造

2020 年 2 月 5 日，中国人民银行发布了《金融分布式账本技术安全规范》（JR/T 0184—2020）（以下简称《规范》）金融行业标准，是我国在区块链／分布式账本领域的第一项行业标准。该标准从密码算法、账本数据、身份管理、隐私保护等多方面，对金融领域的区块链机构、项目提出了更为正式的规范和要求。

在该标准中，明确了如图 4-1 所示的金融分布式账本技术安全体系框架，它包括基础硬件、基础软件、密码算法、节点通信、账本数据、共识协议、智能合约、身份管理、隐私保护、监管支撑、运维要求和治理机制 12 个部分。

密码算法部分是此标准最受关注的内容，标准中明确提出了使用国产密码算法（以下简称"国密"）的要求。目前我国公开的主要国密包括祖冲之（ZUC）算法、SM2 算法、SM3 算法、SM4 算法、SM9 算法五种，分别为流密码、非对称密码、散列算法、分组对称密码和非对称标识密码。国密从设计上对标目前国际常用的相应密码算法（见表 4-2），在性能上也有所优化。截至 2020 年 12 月，这五

种国密已经基本完成了各自行业标准和国家标准的制定。

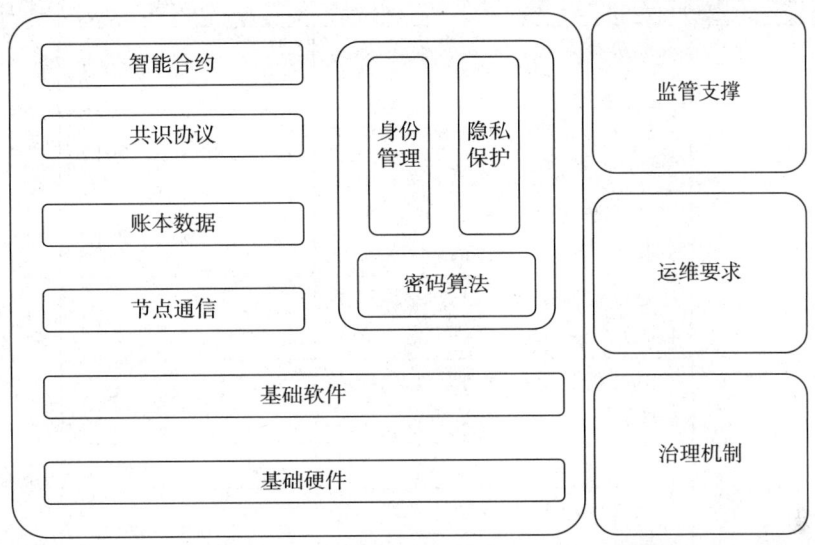

图 4-1　金融分布式账本技术安全体系框架

（资料来源：《金融分布式账本技术安全规范》）

表 4-2　国密体系一览表

国密	密码分类	相关标准	标准号	对应国际密码
祖冲之（ZUC）算法	流密码（序列密码）	祖冲之序列密码算法 第1部分：算法描述	GM/T 0001.1—2012	RC4
		祖冲之序列密码算法 第2部分：基于祖冲之算法的机密性算法	GM/T 0001.2—2012	
		祖冲之序列密码算法 第3部分：基于祖冲之算法的完整性算法	GM/T 0001.3—2012	
		信息安全技术 祖冲之序列密码算法 第1部分：算法描述	GB/T 33133.1—2016	
		信息安全技术 祖冲之序列密码算法 第2部分：保密性算法	GB/T 33133.2—2021	
		信息安全技术 祖冲之序列密码算法 第3部分：完整性算法	GB/T 33133.3—2021	

续表

国密	密码分类	相关标准	标准号	对应国际密码
SM2	非对称密码	SM2椭圆曲线公钥密码算法 第1部分：总则	GM/T 0003.1—2012	RSA、ECDSA签名算法
		SM2椭圆曲线公钥密码算法 第2部分：数字签名算法	GM/T 0003.2—2012	
		SM2椭圆曲线公钥密码算法 第3部分：密钥交换协议	GM/T 0003.3—2012	
		SM2椭圆曲线公钥密码算法 第4部分：公钥加密算法	GM/T 0003.4—2012	
		SM2椭圆曲线公钥密码算法 第5部分：参数定义	GM/T 0003.5—2012	
		SM2密码算法使用规范	GM/T 0009—2012	
		SM2密码算法加密签名消息语法规范	GM/T 0010—2012	
		信息安全技术 SM2椭圆曲线公钥密码算法 第1部分：总则	GB/T 32918.1—2016	
		信息安全技术 SM2椭圆曲线公钥密码算法 第2部分：数字签名算法	GB/T 32918.2—2016	
		信息安全技术 SM2椭圆曲线公钥密码算法 第3部分：密钥交换协议	GB/T 32918.3—2016	
		信息安全技术 SM2椭圆曲线公钥密码算法 第4部分：公钥加密算法	GB/T 32918.4—2016	
		信息安全技术 SM2椭圆曲线公钥密码算法 第5部分：参数定义	GB/T 32918.5—2017	
		信息安全技术 SM2密码算法加密签名消息语法规范	GB/T 35275—2017	
		信息安全技术 SM2密码算法使用规范	GB/T 35276—2017	
SM3	散列算法	SM3密码杂凑算法	GM/T 0004—2012	SHA256、MD5
		信息安全技术 SM3密码杂凑算法	GB/T 32905—2016	
SM4	分组对称密码	SM4分组密码算法	GM/T 0002—2012	DES、3DES
		信息安全技术 SM4分组密码算法	GB/T 32907—2016	

续表

国密	密码分类	相关标准	标准号	对应国际密码
SM9	非对称标识密码	SM9 标识密码算法	GM/T 0044—2016	
		SM9 标识密码算法 第1部分：总则	GM/T 0044.1—2016	
		SM9 标识密码算法 第2部分：数字签名算法	GM/T 0044.2—2016	
		SM9 标识密码算法 第3部分：密钥交换协议	GM/T 0044.3—2016	
		SM9 标识密码算法 第4部分：密钥封装机制和公钥加密算法	GM/T 0044.4—2016	
		SM9 标识密码算法 第5部分：参数定义	GM/T 0044.5—2016	
		信息安全技术 SM9 标识密码算法 第1部分：总则	GB/T 38635.1—2020	
		信息安全技术 SM9 标识密码算法 第2部分：算法	GB/T 38635.2—2020	
		信息安全技术 SM9 密码算法使用规范	GB/T 41389—2022	

《规范》中规定，分布式账本系统所使用的具体密码算法应符合 GB/T 32905—2016、GB/T 32907—2016、GB/T 32918 等相关国家标准，以及 GM/T 0006—2012、GM/T 0009—2012、GM/T 0010—2012、GM/T 0015—2012、GM/T 0044等相关行业规范；分布式账本系统应使用符合 GB/T 37092—2018 等相关国家标准，以及 GM/T 0028—2014、GM/T 0039—2015 等相关行业规范的密码模块进行密码算法运算和密钥存储。根据此标准，利用非国密区块链平台如 Hyperledger Fabric 搭建的区块链应用需要进行国密改造，将底层平台中使用的哈希算法、数字签名、数字证书用相应的国密替代，以满足此标准。

除了对密码算法的要求外，该标准对于账本数据也提出了要求。由于金融行业的特殊性，数据监管和数据审计在标准中被着重强调，即要求监管信息应至少包括金融监管信息，如行业类型、居住国家/地区、民族、居民/非居民、出生日期、个人月收入、税务信息等监管数据项和反洗钱特色数据项，审计记录包括访问的日期、时间、用户标识、数据等审计相关信息，以及数据变更成功的记录和数据变更失败的记录。

在共识协议和智能合约方面，该标准对于使用哪一种共识协议和哪一种智能合约语言并没有给出明确规定，但在共识的可扩展性、可监管性等特性，以及智能合约的安全审计、生命周期管理等方面给出了简要要求。

二、《区块链技术金融应用评估规则》与系统评估指标

2020年7月10日，中国人民银行发布了《区块链技术金融应用评估规则》（JR/T 0193—2020）（以下简称《规则》）金融行业标准。该《规则》是首个由权威机构颁发、较为完整的针对区块链体系和产品技术的标准和评估办法，从顶层设计的角度给出一整套评估规范，适用于金融机构开展区块链技术金融应用的产品设计、软件开发、系统评估，目的是对区块链金融应用的基本要求、性能、安全性进行评估，客观、公正评价系统是否能够保障区块链金融设施与应用的安全稳定运行。

在《规则》中，中国人民银行首次给出了区块链的定义，即区块链是一种由多方共同维护，使用密码学保证传输和访问安全，能够实现数据一致存储、防篡改、防抵赖的技术体系。同时，《规则》规定了区块链技术金融应用的具体实现要求、评估方法、判定准则等，主要评估内容包括基本技术要求（见表4-3）、性能、安全性（见表4-4）三方面。

在基本技术要求评估中，涵盖了账本技术、共识协议、智能合约、节点通信等内容。在性能评估中，对交易吞吐率、查询吞吐率、同步性能、部署效率、账本数据增长速率5个指标提出了明确要求。在安全性评估中，相较于《金融分布式账本技术安全规范》，《规则》给出的评价项更为细化，共12个部分70个评估项，既涵盖信息系统中的传统固有问题，如隐私保护、运维等，也针对区块链系统应用的特点，在共识协议、智能合约、账本数据等方面做出了规定。

表4-3 基本技术要求评估项

基本技术要求评估		事件分发	
账本技术	数据存储方式	密钥管理	密钥生成
	账本结构		密钥存储
	历史数据可追溯		密钥更新
	数据同步		密钥使用
	数据归档		密钥撤销、销毁和归档

续表

基本技术要求评估		事件分发	
账本技术	数据扩容	状态管理	查询区块高度
	数据跨链功能		查询区块详情
	数据分片功能		查询交易信息
共识协议	共识算法		查询交易结果
	一致性		查询账本状态
	共识节点数量		账本状态更新
	容错阈值	成员管理	用户注册
	可靠性		用户身份识别
	可拓展性		用户权限变更
智能合约	智能合约虚拟机		用户角色授权
	智能合约编程语言		用户账户冻结和解冻
	智能合约编译		用户注销
	智能合约正确性		用户信息查询
	智能合约一致性		用户交易
	智能合约可靠性	交易系统	智能合约部署交易
	智能合约业务隔离性		智能合约方法调用交易
	智能合约生命周期管理		原生交易
	智能合约版本控制		交易原子性
节点通信	组网方式	接口管理	外部接口
	消息转发		用户接口
	节点加入		管理接口
	节点退出		系统间接口

(资料来源:《区块链技术金融应用评估规则》)

表 4-4 安全性评估项

安全性评估				
基础硬件	物理安全	场地安全	共识协议	合法性
		硬件设备		正确性
		节点部署安全		终局性
		硬件加密设备安全		不可伪造性
	网络安全	网络架构安全		健壮性
		通信传输安全		低延时

续表

安全性评估			
基础软件	账本结构	共识协议	激励相容
	数据存储		可监管性
	共识模块	智能合约	访问控制
	分布式组网		原子性
	智能合约		安全审计
	接口设计		攻击防范
	数据传输		安全验证
	时间同步		身份注册
	操作系统		身份核实
密码算法	算法基本条件 / 对称加解密	身份管理	账户管理
	算法基本条件 / 非对称加解密		凭证生命周期管理
	算法基本条件 / 杂凑算法		身份鉴别
	算法基本条件 / 随机数		节点标识管理
	保密性		身份更新和撤销
	完整性		身份信息安全性
	真实性		身份监管审计
节点通信	节点身份验证	隐私保护	隐私保护策略
	通信完整性		隐私保护技术
	通信保密性		隐私保护监控与审计
账本数据	账本数据完整性	监管支撑	交易信息监管
	账本数据一致性		系统监管
	账本数据保密性		应急事件报警
	账本数据有效性		智能合约监管
	账本数据冗余	安全运维	权限管理
	账本数据访问与使用		审计记录
	账本数据安全审计		系统更新
安全治理	系统安全管理机制		漏洞修复
	节点管理		备份与恢复
	干预机制		应急预案

（资料来源：《区块链技术金融应用评估规则》）

在进行区块链技术金融应用的评估时，依据基本技术要求、性能、安全性三方面评估项，将每一项中存在的问题分为"建议性问题""一般性问题"和"严重性问题"三种，判定该评估项"符合""不符合"或"不适用"。

在当前金融创新的大环境下，《规则》的出台，给出了"区块链+金融"新应用的统一评价指标和测试要求，也体现了中国人民银行对于区块链金融领域的发展要求：一方面要求金融机构建立健全区块链应用风险防范机制，推动技术规范应用，开展应用备案和审计；另一方面要求行业协会加强行业自律管理，建立健全自律检查、信息共享等机制，这对于区块链市场的规范和未来区块链行业长足健康发展都有着至关重要的意义。

三、《信息安全技术　区块链技术安全框架》重点解读

2021年8月，全国信息安全标准化技术委员会秘书处就已形成国家标准《信息安全技术 区块链技术安全框架》(以下简称《安全框架》)，并面向社会广泛征求意见。《安全框架》由清华大学、中国人民银行数字货币研究所、蚂蚁科技集团股份有限公司、京东数字科技控股有限公司、北京百度网讯科技有限公司等单位共同编制，编制单位和人员涵盖中国顶尖的研究人员和技术单位，对目前区块链面临的智能合约安全、共识安全、对等网络安全和密码技术应用不当，以及隐私保护等问题都有全面解读。

《安全框架》共分为9章，第1章阐述安全标准的适用范围；第2章列举制定《安全框架》规范性引用的内容；第3章对术语、定义进行规定；第4章对缩略语进行规定；第5章概述了区块链技术、区块链参与角色和区块链面临的安全风险；第6章概述了区块链的安全框架，以及安全框架包含的各个功能模块；第7~9章针对区块链技术安全框架，对区块链密码支撑、区块链安全功能组件、区块链安全管理运行，以及相应的基本安全要求进行阐述。

总体而言，《安全框架》从用户角色和功能的角度两个层面描述区块链安全要求，主要解决以下三类问题。

1. 如何兼容金融机构、企事业单位、重点行业的区块链平台，提炼出普适性的安全框架，解决区块链技术安全框架不统一的问题。

2. 如何处理区块链技术安全框架中各个层之间的关系交织，提炼各个层的安全要求的问题。

3. 区块链相关标准缺乏，国内外都在制定，存在如何与国内和国际相关标准进行衔接，以及后续推广为国际标准的问题。

《安全框架》的亮点主要有以下几点。

亮点一：参考国际，具有前瞻性

《安全框架》标准术语和定义结合了《区块链和分布式账本技术》（ISO 22739—2020），针对国内区块链应用进行完善和修订，调研了国内外重要的区块链架构，也参考了国际在研标准 ISO/DIS 23257。

《安全框架》中涉及的密码技术给出了推荐的国家标准和 ISO/IEC 国际标准，在技术上具有先进性和前瞻性。

亮点二：衔接国内，注重协调性

《安全框架》适应我国国情，严格遵守《中华人民共和国密码法》《中华人民共和国网络安全法》《区块链信息服务管理规定》等国家相关法律法规的规定。

《安全框架》标准推荐区块链系统采用的对称密码算法、非对称密码算法等参考国家标准 GB/T 32918、GB/T 32905 和 GB/T 32907 以及相应的国际 ISO 标准；实体鉴别技术参考国家标准 GB/T 15843 系列算法；密钥管理中的对称密钥、非对称密钥、群密钥以及密钥派生等参考国家标准 GB/T 17901。所采用的密码模块符合 GB/T 37092 二级及以上要求。

区块链运行环境符合 GB/T 22239 三级及以上要求。区块链运维管理中的身份认证与权限管理、密钥管理等工作根据 GB/T 22239 和 GB/T 36626 中的安全运维相关要求开展。区块链中的可信时间源应满足 GB/T 20520 时间戳系统规范。区块链系统要符合 GB/T 37092 对随机数生成和敏感安全参数生成的要求，生成的随机序列要符合 GB/T 32915 对随机性的要求等。

亮点三：重视金融领域，推动落地实用性

从《安全框架》全文来看，此次区块链标准主要针对金融领域、企事业单位等采用的区块链技术，并对其进行梳理，分析其面临的安全风险，提出区块链技术安全框架，描述了框架的层次结构以及区块链各参与角色的安全视图。

《安全框架》适用于指导基于区块链技术的信息系统进行安全风险防范，特别是联盟链系统；适用于指导区块链业务提供者和技术提供者按照区块链技术安全框架设计、开发、研制、部署、运行和维护区块链，指导所有区块链参与者在区块链研制和运行的全过程中进行整体规划、安全框架设计及安全性评估。

以上亮点将有助于保障区块链技术在各应用场景下的安全应用和在各行业中的健康发展，使之避免一些已知的安全问题，如不规范的密码算法或密码协议使用带来的安全风险；因区块链系统设计缺陷或者实现漏洞带来的安全隐患，导致用户资产、用户身份、链上数据存在风险等。

《安全框架》体现了我国对区块链技术安全性问题的重视,将对区块链平台与应用的开发、研制、使用和管理运维过程进行整体规划,为区块链行业的发展提供安全指导。

职业模块 5
相关法律、法规知识

培训课程 1　法律、法规知识
　　学习单元 1　《中华人民共和国劳动法》相关知识
　　学习单元 2　《中华人民共和国劳动合同法》相关知识
　　学习单元 3　《中华人民共和国网络安全法》相关知识
　　学习单元 4　《中华人民共和国密码法》相关知识

培训课程 2　行业相关文件及公告
　　学习单元 1　《关于防范比特币风险的通知》相关知识
　　学习单元 2　《关于防范代币发行融资风险的公告》相关知识
　　学习单元 3　《关于继续警惕投资虚拟货币市场的风险提示》相关知识

培训课程 1

法律、法规知识

学习单元 1 《中华人民共和国劳动法》相关知识

《中华人民共和国劳动法》（以下简称《劳动法》）经 1994 年 7 月 5 日第八届全国人民代表大会常务委员会第八次会议通过。根据 2009 年 8 月 27 日第十一届全国人民代表大会常务委员会第十次会议《关于修改部分法律的决定》进行第一次修正。根据 2018 年 12 月 29 日第十三届全国人民代表大会常务委员会第七次会议《关于修改〈中华人民共和国劳动法〉等七部法律的决定》进行第二次修正。

一、立法宗旨

为了保护劳动者的合法权益，调整劳动关系，建立和维护适应社会主义市场经济的劳动制度，促进经济发展和社会进步，根据宪法，制定本法。

二、适用范围

在中华人民共和国境内的企业、个体经济组织（以下统称用人单位）和与之形成劳动关系的劳动者，适用本法。国家机关、事业组织、社会团体和与之建立劳动合同关系的劳动者，依照本法执行。

三、与区块链应用操作员相关的主要内容

1. 劳动者的基本权利和义务

《劳动法》规定劳动者的权利包括平等就业和选择职业的权利、取得劳动报酬的权利、休息休假的权利、获得劳动安全卫生保护的权利、接受职业技能培训的

权利、享受社会保险和福利的权利、提请劳动争议处理的权利以及法律规定的其他劳动权利。

劳动者应当履行的义务包括完成劳动任务，提高职业技能，执行劳动安全卫生规程，遵守劳动纪律和职业道德。

2. 劳动合同

劳动合同是劳动者与用人单位确立劳动关系、明确双方权利和义务的协议。建立劳动关系应当订立劳动合同。订立和变更劳动合同，应当遵循平等自愿、协商一致的原则，不得违反法律、行政法规的规定。劳动合同依法订立即具有法律约束力，当事人必须履行劳动合同规定的义务。

劳动合同应当以书面形式订立，并具备以下条款：劳动合同期限、工作内容、劳动保护和劳动条件、劳动报酬、劳动纪律、劳动合同终止的条件、违反劳动合同的责任等。除前款规定的必备条款外，当事人可以协商约定其他内容。

劳动合同的期限分为有固定期限、无固定期限和以完成一定的工作为期限。

劳动者在同一用人单位连续工作满十年以上，当事人双方同意续延劳动合同的，如果劳动者提出订立无固定期限的劳动合同，应当订立无固定期限的劳动合同。劳动合同可以约定试用期，但试用期最长不得超过六个月。

劳动者有下列情形之一的，用人单位可以解除劳动合同：①在试用期间被证明不符合录用条件的；②严重违反劳动纪律或者用人单位规章制度的；③严重失职，营私舞弊，对用人单位利益造成重大损害的；④被依法追究刑事责任的。

劳动者有下列情形之一的，用人单位不得解除劳动合同：①患职业病或者因工负伤并被确认丧失或者部分丧失劳动能力的；②患病或者负伤，在规定的医疗期内的；③女职工在孕期、产期、哺乳期内的；④法律、行政法规规定的其他情形。

3. 工作时间和休息休假

劳动者有休息休假的权利。国家实行劳动者每日工作时间不超过八小时、平均每周工作时间不超过四十四小时的工时制度。用人单位由于生产经营需要，经与工会和劳动者协商后可以延长工作时间，一般每日不得超过一小时；因特殊原因需要延长工作时间的，在保障劳动者身体健康的条件下延长工作时间每日不得超过三小时，但是每月不得超过三十六小时。

用人单位应当保证劳动者每周至少休息一日。用人单位在元旦，春节，国际劳动节，国庆节，法律、法规规定的其他休假节日期间，应当依法安排劳动者休假。劳动者连续工作一年以上的，享受带薪年休假。

《劳动法》规定，有下列情形之一的，用人单位应当按照下列标准支付高于劳动者正常工作时间工资的工资报酬：

（1）安排劳动者延长工作时间的，支付不低于工资的百分之一百五十的工资报酬；

（2）休息日安排劳动者工作又不能安排补休的，支付不低于工资的百分之二百的工资报酬；

（3）法定休假日安排劳动者工作的，支付不低于工资的百分之三百的工资报酬。

4. 工资

工资分配应当遵循按劳分配原则，实行同工同酬。国家实行最低工资保障制度。最低工资标准由省、自治区、直辖市人民政府规定，报国务院备案。

用人单位支付劳动者的工资不得低于当地最低工资标准。工资应当以货币形式按月支付给劳动者本人。用人单位不得克扣或者无故拖欠劳动者的工资。劳动者在法定休假日和婚丧假期间以及依法参加社会活动期间，用人单位应当依法支付工资。

5. 劳动安全卫生

用人单位必须建立、健全劳动安全卫生制度，严格执行国家劳动安全卫生规程和标准，对劳动者进行劳动安全卫生教育，防止劳动过程中的事故，减少职业危害。劳动安全卫生设施必须符合国家标准。新建、改建、扩建工程的劳动安全卫生设施必须与主体工程同时设计、同时施工、同时投入生产和使用。

用人单位必须为劳动者提供符合国家规定的劳动安全卫生条件和必要的劳动防护用品，对从事有职业危害作业的劳动者应当定期进行健康检查。从事特种作业的劳动者必须经过专门培训并取得特种作业资格。

劳动者在劳动过程中必须严格遵守安全操作规程。劳动者对用人单位管理人员违章指挥、强令冒险作业，有权拒绝执行；对危害生命安全和身体健康的行为，有权提出批评、检举和控告。

6. 社会保险和福利

用人单位和劳动者必须依法参加社会保险，缴纳社会保险费。

劳动者在下列情形下，依法享受社会保险待遇：①退休；②患病、负伤；③因工伤残或者患职业病；④失业；⑤生育。劳动者死亡后，其遗属依法享受遗属津贴。

劳动者享受社会保险待遇的条件和标准由法律、法规规定。劳动者享受的社会保险金必须按时足额支付。

学习单元 2 《中华人民共和国劳动合同法》相关知识

《中华人民共和国劳动合同法》（以下简称《劳动合同法》）经 2007 年 6 月 29 日第十届全国人民代表大会常务委员会第二十八次会议通过。根据 2012 年 12 月 28 日第十一届全国人民代表大会常务委员会第三十次会议《关于修改〈中华人民共和国劳动合同法〉的决定》修正。

一、立法宗旨

为了完善劳动合同制度，明确劳动合同双方当事人的权利和义务，保护劳动者的合法权益，构建和发展和谐稳定的劳动关系，制定本法。

二、适用范围

中华人民共和国境内的企业、个体经济组织、民办非企业单位等组织（以下统称用人单位）与劳动者建立劳动关系，订立、履行、变更、解除或者终止劳动合同，适用本法。

国家机关、事业单位、社会团体和与其建立劳动关系的劳动者，订立、履行、变更、解除或者终止劳动合同，依照本法执行。

三、与区块链应用操作员相关的主要内容

1. 劳动合同的订立

（1）劳动关系的建立

用人单位自用工之日起即与劳动者建立劳动关系。用人单位应当建立职工名册备查。

（2）用人单位的告知义务和劳动者的说明义务

用人单位招用劳动者时，应当如实告知劳动者工作内容、工作条件、工作地点、职业危害、安全生产状况、劳动报酬，以及劳动者要求了解的其他情况；用人单位有权了解劳动者与劳动合同直接相关的基本情况，劳动者应当如实说明。

（3）订立书面劳动合同

建立劳动关系，应当订立书面劳动合同。已建立劳动关系，未同时订立书面劳动合同的，应当自用工之日起一个月内订立书面劳动合同。用人单位与劳动者在用工前订立劳动合同的，劳动关系自用工之日起建立。

（4）劳动合同的生效

劳动合同由用人单位与劳动者协商一致，并经用人单位与劳动者在劳动合同文本上签字或者盖章生效。劳动合同文本由用人单位和劳动者各执一份。

（5）劳动合同的内容

劳动合同应当具备以下条款：①用人单位的名称、住所和法定代表人或者主要负责人；②劳动者的姓名、住址和居民身份证或者其他有效身份证件号码；③劳动合同期限；④工作内容和工作地点；⑤工作时间和休息休假；⑥劳动报酬；⑦社会保险；⑧劳动保护、劳动条件和职业危害防护；⑨法律、法规规定应当纳入劳动合同的其他事项。劳动合同除前款规定的必备条款外，用人单位与劳动者可以约定试用期、培训、保守秘密、补充保险和福利待遇等其他事项。

（6）保密义务和竞业限制

用人单位与劳动者可以在劳动合同中约定保守用人单位的商业秘密和与知识产权相关的保密事项。

对负有保密义务的劳动者，用人单位可以在劳动合同或者保密协议中与劳动者约定竞业限制条款，并约定在解除或者终止劳动合同后，在竞业限制期限内按月给予劳动者经济补偿。劳动者违反竞业限制约定的，应当按照约定向用人单位支付违约金。

（7）竞业限制的范围和期限

竞业限制的人员限于用人单位的高级管理人员、高级技术人员和其他负有保密义务的人员。竞业限制的范围、地域、期限由用人单位与劳动者约定，竞业限制的约定不得违反法律、法规的规定。

在解除或者终止劳动合同后，前款规定的人员到与本单位生产或者经营同类产品、从事同类业务的有竞争关系的其他用人单位，或者自己开业生产或者经营同类产品、从事同类业务的竞业限制期限，不得超过二年。

（8）劳动合同的无效

下列劳动合同无效或者部分无效：

1）以欺诈、胁迫的手段或者乘人之危，使对方在违背真实意思的情况下订立或者变更劳动合同的；

2）用人单位免除自己的法定责任、排除劳动者权利的；

3）违反法律、行政法规强制性规定的。

对劳动合同的无效或者部分无效有争议的，由劳动争议仲裁机构或者人民法院确认。

2. 劳动合同的履行和变更

（1）劳动合同的履行

用人单位与劳动者应当按照劳动合同的约定，全面履行各自的义务。

（2）加班

用人单位应当严格执行劳动定额标准，不得强迫或者变相强迫劳动者加班。用人单位安排加班的，应当按照国家有关规定向劳动者支付加班费。

（3）劳动合同的变更

用人单位与劳动者协商一致，可以变更劳动合同约定的内容。变更劳动合同，应当采用书面形式。

变更后的劳动合同文本由用人单位和劳动者各执一份。

3. 劳动合同的解除和终止

（1）劳动者单方解除劳动合同

用人单位有下列情形之一的，劳动者可以解除劳动合同：

1）未按照劳动合同约定提供劳动保护或者劳动条件的；

2）未及时足额支付劳动报酬的；

3）未依法为劳动者缴纳社会保险费的；

4）用人单位的规章制度违反法律、法规的规定，损害劳动者权益的；

5）因本法第二十六条第一款规定的情形致使劳动合同无效的；

6）法律、行政法规规定劳动者可以解除劳动合同的其他情形。

用人单位以暴力、威胁或者非法限制人身自由的手段强迫劳动者劳动的，或者用人单位违章指挥、强令冒险作业危及劳动者人身安全的，劳动者可以立即解除劳动合同，不需事先告知用人单位。

（2）用人单位单方解除劳动合同（过失性辞退）

劳动者有下列情形之一的，用人单位可以解除劳动合同：

1）在试用期间被证明不符合录用条件的；

2）严重违反用人单位的规章制度的；

3）严重失职，营私舞弊，给用人单位造成重大损害的；

4）劳动者同时与其他用人单位建立劳动关系，对完成本单位的工作任务造成严重影响，或者经用人单位提出，拒不改正的；

5）因本法第二十六条第一款第一项规定的情形致使劳动合同无效的；

6）被依法追究刑事责任的。

（3）劳动合同的终止

有下列情形之一的，劳动合同终止：

1）劳动合同期满的；

2）劳动者开始依法享受基本养老保险待遇的；

3）劳动者死亡，或者被人民法院宣告死亡或者宣告失踪的；

4）用人单位被依法宣告破产的；

5）用人单位被吊销营业执照、责令关闭、撤销或者用人单位决定提前解散的；

6）法律、行政法规规定的其他情形。

学习单元3 《中华人民共和国网络安全法》相关知识

《中华人民共和国网络安全法》（以下简称《网络安全法》）已由第十二届全国人民代表大会常务委员会第二十四次会议于2016年11月7日通过，自2017年6月1日起施行。

一、立法宗旨

为了保障网络安全，维护网络空间主权和国家安全、社会公共利益，保护公民、法人和其他组织的合法权益，促进经济社会信息化健康发展，制定本法。

二、适用范围

在中华人民共和国境内建设、运营、维护和使用网络,以及网络安全的监督管理,适用本法。

三、与区块链应用操作员相关的主要内容

1. 网络运行安全

第一节 一般规定

第二十一条 国家实行网络安全等级保护制度。网络运营者应当按照网络安全等级保护制度的要求,履行下列安全保护义务,保障网络免受干扰、破坏或者未经授权的访问,防止网络数据泄露或者被窃取、篡改:

(一)制定内部安全管理制度和操作规程,确定网络安全负责人,落实网络安全保护责任;

(二)采取防范计算机病毒和网络攻击、网络侵入等危害网络安全行为的技术措施;

(三)采取监测、记录网络运行状态、网络安全事件的技术措施,并按照规定留存相关的网络日志不少于六个月;

(四)采取数据分类、重要数据备份和加密等措施;

(五)法律、行政法规规定的其他义务。

第二十二条 网络产品、服务应当符合相关国家标准的强制性要求。网络产品、服务的提供者不得设置恶意程序;发现其网络产品、服务存在安全缺陷、漏洞等风险时,应当立即采取补救措施,按照规定及时告知用户并向有关主管部门报告。

网络产品、服务的提供者应当为其产品、服务持续提供安全维护;在规定或者当事人约定的期限内,不得终止提供安全维护。

网络产品、服务具有收集用户信息功能的,其提供者应当向用户明示并取得同意;涉及用户个人信息的,还应当遵守本法和有关法律、行政法规关于个人信息保护的规定。

第二十三条 网络关键设备和网络安全专用产品应当按照相关国家标准的强制性要求,由具备资格的机构安全认证合格或者安全检测符合要求后,方可销售或者提供。国家网信部门会同国务院有关部门制定、公布网络关键设备和网络安全专用产品目录,并推动安全认证和安全检测结果互认,避免重复认证、检测。

第二十四条　网络运营者为用户办理网络接入、域名注册服务，办理固定电话、移动电话等入网手续，或者为用户提供信息发布、即时通讯等服务，在与用户签订协议或者确认提供服务时，应当要求用户提供真实身份信息。用户不提供真实身份信息的，网络运营者不得为其提供相关服务。

国家实施网络可信身份战略，支持研究开发安全、方便的电子身份认证技术，推动不同电子身份认证之间的互认。

第二十五条　网络运营者应当制定网络安全事件应急预案，及时处置系统漏洞、计算机病毒、网络攻击、网络侵入等安全风险；在发生危害网络安全的事件时，立即启动应急预案，采取相应的补救措施，并按照规定向有关主管部门报告。

第二十六条　开展网络安全认证、检测、风险评估等活动，向社会发布系统漏洞、计算机病毒、网络攻击、网络侵入等网络安全信息，应当遵守国家有关规定。

第二十七条　任何个人和组织不得从事非法侵入他人网络、干扰他人网络正常功能、窃取网络数据等危害网络安全的活动；不得提供专门用于从事侵入网络、干扰网络正常功能及防护措施、窃取网络数据等危害网络安全活动的程序、工具；明知他人从事危害网络安全的活动的，不得为其提供技术支持、广告推广、支付结算等帮助。

第二十八条　网络运营者应当为公安机关、国家安全机关依法维护国家安全和侦查犯罪的活动提供技术支持和协助。

第二十九条　国家支持网络运营者之间在网络安全信息收集、分析、通报和应急处置等方面进行合作，提高网络运营者的安全保障能力。

有关行业组织建立健全本行业的网络安全保护规范和协作机制，加强对网络安全风险的分析评估，定期向会员进行风险警示，支持、协助会员应对网络安全风险。

第三十条　网信部门和有关部门在履行网络安全保护职责中获取的信息，只能用于维护网络安全的需要，不得用于其他用途。

第二节　关键信息基础设施的运行安全

第三十一条　国家对公共通信和信息服务、能源、交通、水利、金融、公共服务、电子政务等重要行业和领域，以及其他一旦遭到破坏、丧失功能或者数据泄露，可能严重危害国家安全、国计民生、公共利益的关键信息基础设施，在网络安全等级保护制度的基础上，实行重点保护。关键信息基础设施的具体范围和安全保护办法由国务院制定。

国家鼓励关键信息基础设施以外的网络运营者自愿参与关键信息基础设施保护体系。

第三十二条 按照国务院规定的职责分工，负责关键信息基础设施安全保护工作的部门分别编制并组织实施本行业、本领域的关键信息基础设施安全规划，指导和监督关键信息基础设施运行安全保护工作。

第三十三条 建设关键信息基础设施应当确保其具有支持业务稳定、持续运行的性能，并保证安全技术措施同步规划、同步建设、同步使用。

第三十四条 除本法第二十一条的规定外，关键信息基础设施的运营者还应当履行下列安全保护义务：

（一）设置专门安全管理机构和安全管理负责人，并对该负责人和关键岗位的人员进行安全背景审查；

（二）定期对从业人员进行网络安全教育、技术培训和技能考核；

（三）对重要系统和数据库进行容灾备份；

（四）制定网络安全事件应急预案，并定期进行演练；

（五）法律、行政法规规定的其他义务。

第三十五条 关键信息基础设施的运营者采购网络产品和服务，可能影响国家安全的，应当通过国家网信部门会同国务院有关部门组织的国家安全审查。

第三十六条 关键信息基础设施的运营者采购网络产品和服务，应当按照规定与提供者签订安全保密协议，明确安全和保密义务与责任。

第三十七条 关键信息基础设施的运营者在中华人民共和国境内运营中收集和产生的个人信息和重要数据应当在境内存储。因业务需要，确需向境外提供的，应当按照国家网信部门会同国务院有关部门制定的办法进行安全评估；法律、行政法规另有规定的，依照其规定。

第三十八条 关键信息基础设施的运营者应当自行或者委托网络安全服务机构对其网络的安全性和可能存在的风险每年至少进行一次检测评估，并将检测评估情况和改进措施报送相关负责关键信息基础设施安全保护工作的部门。

第三十九条 国家网信部门应当统筹协调有关部门对关键信息基础设施的安全保护采取下列措施：

（一）对关键信息基础设施的安全风险进行抽查检测，提出改进措施，必要时可以委托网络安全服务机构对网络存在的安全风险进行检测评估；

（二）定期组织关键信息基础设施的运营者进行网络安全应急演练，提高应对网络安全事件的水平和协同配合能力；

（三）促进有关部门、关键信息基础设施的运营者以及有关研究机构、网络安全服务机构等之间的网络安全信息共享；

（四）对网络安全事件的应急处置与网络功能的恢复等，提供技术支持和协助。

2. 网络信息安全

第四十条　网络运营者应当对其收集的用户信息严格保密，并建立健全用户信息保护制度。

第四十一条　网络运营者收集、使用个人信息，应当遵循合法、正当、必要的原则，公开收集、使用规则，明示收集、使用信息的目的、方式和范围，并经被收集者同意。

网络运营者不得收集与其提供的服务无关的个人信息，不得违反法律、行政法规的规定和双方的约定收集、使用个人信息，并应当依照法律、行政法规的规定和与用户的约定，处理其保存的个人信息。

第四十二条　网络运营者不得泄露、篡改、毁损其收集的个人信息；未经被收集者同意，不得向他人提供个人信息。但是，经过处理无法识别特定个人且不能复原的除外。

网络运营者应当采取技术措施和其他必要措施，确保其收集的个人信息安全，防止信息泄露、毁损、丢失。在发生或者可能发生个人信息泄露、毁损、丢失的情况时，应当立即采取补救措施，按照规定及时告知用户并向有关主管部门报告。

第四十三条　个人发现网络运营者违反法律、行政法规的规定或者双方的约定收集、使用其个人信息的，有权要求网络运营者删除其个人信息；发现网络运营者收集、存储的其个人信息有错误的，有权要求网络运营者予以更正。网络运营者应当采取措施予以删除或者更正。

第四十四条　任何个人和组织不得窃取或者以其他非法方式获取个人信息，不得非法出售或者非法向他人提供个人信息。

第四十五条　依法负有网络安全监督管理职责的部门及其工作人员，必须对在履行职责中知悉的个人信息、隐私和商业秘密严格保密，不得泄露、出售或者非法向他人提供。

第四十六条　任何个人和组织应当对其使用网络的行为负责，不得设立用于实施诈骗，传授犯罪方法，制作或者销售违禁物品、管制物品等违法犯罪活动的网站、通讯群组，不得利用网络发布涉及实施诈骗，制作或者销售违禁物品、管制物品以及其他违法犯罪活动的信息。

第四十七条　网络运营者应当加强对其用户发布的信息的管理，发现法律、行政法规禁止发布或者传输的信息的，应当立即停止传输该信息，采取消除等处置措施，防止信息扩散，保存有关记录，并向有关主管部门报告。

第四十八条　任何个人和组织发送的电子信息、提供的应用软件，不得设置恶意程序，不得含有法律、行政法规禁止发布或者传输的信息。

电子信息发送服务提供者和应用软件下载服务提供者，应当履行安全管理义务，知道其用户有前款规定行为的，应当停止提供服务，采取消除等处置措施，保存有关记录，并向有关主管部门报告。

第四十九条　网络运营者应当建立网络信息安全投诉、举报制度，公布投诉、举报方式等信息，及时受理并处理有关网络信息安全的投诉和举报。

网络运营者对网信部门和有关部门依法实施的监督检查，应当予以配合。

第五十条　国家网信部门和有关部门依法履行网络信息安全监督管理职责，发现法律、行政法规禁止发布或者传输的信息的，应当要求网络运营者停止传输，采取消除等处置措施，保存有关记录；对来源于中华人民共和国境外的上述信息，应当通知有关机构采取技术措施和其他必要措施阻断传播。

3. 监测预警与应急处置

第五十一条　国家建立网络安全监测预警和信息通报制度。国家网信部门应当统筹协调有关部门加强网络安全信息收集、分析和通报工作，按照规定统一发布网络安全监测预警信息。

第五十二条　负责关键信息基础设施安全保护工作的部门，应当建立健全本行业、本领域的网络安全监测预警和信息通报制度，并按照规定报送网络安全监测预警信息。

第五十三条　国家网信部门协调有关部门建立健全网络安全风险评估和应急工作机制，制定网络安全事件应急预案，并定期组织演练。

负责关键信息基础设施安全保护工作的部门应当制定本行业、本领域的网络安全事件应急预案，并定期组织演练。

网络安全事件应急预案应当按照事件发生后的危害程度、影响范围等因素对网络安全事件进行分级，并规定相应的应急处置措施。

第五十四条　网络安全事件发生的风险增大时，省级以上人民政府有关部门

应当按照规定的权限和程序,并根据网络安全风险的特点和可能造成的危害,采取下列措施:

(一)要求有关部门、机构和人员及时收集、报告有关信息,加强对网络安全风险的监测;

(二)组织有关部门、机构和专业人员,对网络安全风险信息进行分析评估,预测事件发生的可能性、影响范围和危害程度;

(三)向社会发布网络安全风险预警,发布避免、减轻危害的措施。

第五十五条 发生网络安全事件,应当立即启动网络安全事件应急预案,对网络安全事件进行调查和评估,要求网络运营者采取技术措施和其他必要措施,消除安全隐患,防止危害扩大,并及时向社会发布与公众有关的警示信息。

第五十六条 省级以上人民政府有关部门在履行网络安全监督管理职责中,发现网络存在较大安全风险或者发生安全事件的,可以按照规定的权限和程序对该网络的运营者的法定代表人或者主要负责人进行约谈。网络运营者应当按照要求采取措施,进行整改,消除隐患。

第五十七条 因网络安全事件,发生突发事件或者生产安全事故的,应当依照《中华人民共和国突发事件应对法》《中华人民共和国安全生产法》等有关法律、行政法规的规定处置。

第五十八条 因维护国家安全和社会公共秩序,处置重大突发社会安全事件的需要,经国务院决定或者批准,可以在特定区域对网络通信采取限制等临时措施。

四、内容解读

《网络安全法》是我国第一部全面规范网络空间安全管理方面问题的基础性法律,是我国网络空间法治建设的重要里程碑,是依法治网、化解网络风险的法律重器,是让互联网在法治轨道上健康运行的重要保障。《网络安全法》将近年来一些成熟的好做法制度化,并为将来可能的制度创新做了原则性规定,为网络安全工作提供切实法律保障。本法在以下几个方面值得特别关注。

1.《网络安全法》的基本原则

(1)网络空间主权原则

《网络安全法》明确规定要维护我国网络空间主权。网络空间主权是一国国家主权在网络空间中的自然延伸和表现。《联合国宪章》确立的主权平等原则是当代国际关系的基本准则,覆盖国与国交往各个领域,其原则和精神也应该适用于网络空间。各国自主选择网络发展道路、网络管理模式、互联网公共政策和平等参与国际网络空间治理的权利应当得到尊重。《网络安全法》适用于我国境内网络以及网络安全的监督管理。这是我国网络空间主权对内最高管辖权的具体体现。

（2）网络安全与信息化发展并重原则

网络安全和信息化是一体之两翼、驱动之双轮，必须统一谋划、统一部署、统一推进、统一实施。国家坚持网络安全与信息化并重，遵循积极利用、科学发展、依法管理、确保安全的方针；既要推进网络基础设施建设，鼓励网络技术创新和应用，又要建立健全网络安全保障体系，提高网络安全保护能力，做到"双轮驱动、两翼齐飞"。

（3）共同治理原则

网络空间安全仅仅依靠政府是无法实现的，需要政府、企业、社会组织、技术社群和公民等网络利益相关者的共同参与。《网络安全法》坚持共同治理原则，要求采取措施鼓励全社会共同参与，政府部门、网络建设者、网络运营者、网络服务提供者、网络行业相关组织、高等院校、职业学校、社会公众等都应根据各自的角色参与网络安全治理工作。

2.《网络安全法》提出了制定网络安全战略

《网络安全法》明确提出了我国网络安全战略的主要内容，即：明确保障网络安全的基本要求和主要目标，提出重点领域的网络安全政策、工作任务和措施。《网络安全法》明确规定，我国致力于"推动构建和平、安全、开放、合作的网络空间，建立多边、民主、透明的网络治理体系。"这是我国第一次通过国家法律的形式向世界宣示网络空间治理目标，明确表达了我国的网络空间治理诉求。

上述规定提高了我国网络治理公共政策的透明度，与我国的网络大国地位相称，有利于提升我国对网络空间的国际话语权和规则制定权。

3.《网络安全法》明确了政府部门职责权限

《网络安全法》将现行有效的网络安全监管体制法制化，明确了网信部门与其他相关网络监管部门的职责分工。《网络安全法》明确规定，国家网信部门负责统筹协调网络安全工作和相关监督管理工作，国务院电信主管部门、公安部门和其他有关机关依法在各自职责范围内负责网络安全保护和监督管理工作。这种"1+X"的监管体制，符合当前互联网与现实社会全面融合的特点和我国监管需要。

4.《网络安全法》强化了网络运行安全

《网络安全法》采用大篇幅规范网络运行安全，特别强调要保障关键信息基础设施的运行安全。关键信息基础设施是指那些一旦遭到破坏、丧失功能或者数据泄露，可能严重危害国家安全、国计民生、公共利益的系统和设施。网络运行安全是网络安全的重心，关键信息基础设施安全则是重中之重，与国家安全和社会公共利益息息相关。为此，《网络安全法》强调在网络安全等级保护制度的基础上，对关键信息基础设施实行重点保护，明确关键信息基础设施的运营者负有更多的安全保护义务，并配以国家安全审查、重要数据强制本地存储等法律措施，确保关键信息基础设施的运行安全。

5.《网络安全法》完善了网络安全义务和责任

《网络安全法》将原来散见于各种法规、规章中的规定上升到人大法律层面，对网络运营者等主体的法律义务和责任做了全面规定，包括守法义务，遵守社会公德、商业道德义务，诚实信用义务，网络安全保护义务，接受监督义务，承担社会责任等，并在"网络运行安全""网络信息安全""监测预警与应急处置"等章节中进一步明确、细化。在"法律责任"中则提高了违法行为的处罚标准，加大了处罚力度，有利于保障《网络安全法》的实施。

6.《网络安全法》将监测预警与应急处置措施制度化、法制化

《网络安全法》将监测预警与应急处置工作制度化、法制化，明确国家建立网络安全监测预警和信息通报制度，建立网络安全风险评估和应急工作机制，制定网络安全事件应急预案并定期演练。这为建立统一高效的网络安全风险报告机制、情报共享机制、研判处置机制提供了法律依据，为深化网络安全防护体系，实现全天候全方位感知网络安全态势提供了法律保障。

网络安全法等各项法律法规行业规范均要求网络平台要建立起严格有效的不良信息甄别防范机制，平台确保资金与人力投入，保障相关机制在技术上适度先进、高效准确，以此保证平台传播内容的合法合规性，这既是平台的法律责任，同时也是其社会责任。对只算经济账、流量账而见利忘义的平台，应依法承担罚款、暂停相关业务、停业整顿、关闭网站、吊销执照等行政责任。

学习单元4 《中华人民共和国密码法》相关知识

2019年6月25日，《中华人民共和国密码法》（以下简称《密码法》）草案提请第十三届全国人民代表大会常务委员会第十一次会议审议，旨在通过立法提升密码管理科学化、规范化、法治化水平，促进我国密码事业的稳步健康发展。

2019年10月26日下午，第十三届全国人民代表大会常务委员会第十四次会议表决通过《密码法》，于2020年1月1日起施行。

一、立法宗旨

为了规范密码应用和管理，促进密码事业发展，保障网络与信息安全，维护国家安全和社会公共利益，保护公民、法人和其他组织的合法权益，制定本法。

二、适用范围

本法所称密码，是指采用特定变换的方法对信息等进行加密保护、安全认证的技术、产品和服务。

国家密码管理部门负责管理全国的密码工作。县级以上地方各级密码管理部门负责管理本行政区域的密码工作。国家机关和涉及密码工作的单位在其职责范围内负责本机关、本单位或者本系统的密码工作。

三、与区块链应用操作员相关的主要内容

1. 核心密码、普通密码

第十三条　国家加强核心密码、普通密码的科学规划、管理和使用，加强制度建设，完善管理措施，增强密码安全保障能力。

第十四条　在有线、无线通信中传递的国家秘密信息，以及存储、处理国家秘密信息的信息系统，应当依照法律、行政法规和国家有关规定使用核心密码、普通密码进行加密保护、安全认证。

第十五条　从事核心密码、普通密码科研、生产、服务、检测、装备、使用和销毁等工作的机构（以下统称密码工作机构）应当按照法律、行政法规、国家有关规定以及核心密码、普通密码标准的要求，建立健全安全管理制度，采取严格的保密措施和保密责任制，确保核心密码、普通密码的安全。

第十六条　密码管理部门依法对密码工作机构的核心密码、普通密码工作进行指导、监督和检查，密码工作机构应当配合。

第十七条　密码管理部门根据工作需要会同有关部门建立核心密码、普通密码的安全监测预警、安全风险评估、信息通报、重大事项会商和应急处置等协作

机制，确保核心密码、普通密码安全管理的协同联动和有序高效。

密码工作机构发现核心密码、普通密码泄密或者影响核心密码、普通密码安全的重大问题、风险隐患的，应当立即采取应对措施，并及时向保密行政管理部门、密码管理部门报告，由保密行政管理部门、密码管理部门会同有关部门组织开展调查、处置，并指导有关密码工作机构及时消除安全隐患。

第十八条　国家加强密码工作机构建设，保障其履行工作职责。

国家建立适应核心密码、普通密码工作需要的人员录用、选调、保密、考核、培训、待遇、奖惩、交流、退出等管理制度。

第十九条　密码管理部门因工作需要，按照国家有关规定，可以提请公安、交通运输、海关等部门对核心密码、普通密码有关物品和人员提供免检等便利，有关部门应当予以协助。

第二十条　密码管理部门和密码工作机构应当建立健全严格的监督和安全审查制度，对其工作人员遵守法律和纪律等情况进行监督，并依法采取必要措施，定期或者不定期组织开展安全审查。

2. 商用密码

第二十一条　国家鼓励商用密码技术的研究开发、学术交流、成果转化和推广应用，健全统一、开放、竞争、有序的商用密码市场体系，鼓励和促进商用密码产业发展。

各级人民政府及其有关部门应当遵循非歧视原则，依法平等对待包括外商投资企业在内的商用密码科研、生产、销售、服务、进出口等单位（以下统称商用密码从业单位）。国家鼓励在外商投资过程中基于自愿原则和商业规则开展商用密码技术合作。行政机关及其工作人员不得利用行政手段强制转让商用密码技术。

商用密码的科研、生产、销售、服务和进出口，不得损害国家安全、社会公共利益或者他人合法权益。

第二十二条　国家建立和完善商用密码标准体系。

国务院标准化行政主管部门和国家密码管理部门依据各自职责，组织制定商用密码国家标准、行业标准。

国家支持社会团体、企业利用自主创新技术制定高于国家标准、行业标准相关技术要求的商用密码团体标准、企业标准。

第二十三条　国家推动参与商用密码国际标准化活动，参与制定商用密码国际标准，推进商用密码中国标准与国外标准之间的转化运用。

国家鼓励企业、社会团体和教育、科研机构等参与商用密码国际标准化活动。

第二十四条 商用密码从业单位开展商用密码活动，应当符合有关法律、行政法规、商用密码强制性国家标准以及该从业单位公开标准的技术要求。

国家鼓励商用密码从业单位采用商用密码推荐性国家标准、行业标准，提升商用密码的防护能力，维护用户的合法权益。

第二十五条 国家推进商用密码检测认证体系建设，制定商用密码检测认证技术规范、规则，鼓励商用密码从业单位自愿接受商用密码检测认证，提升市场竞争力。

商用密码检测、认证机构应当依法取得相关资质，并依照法律、行政法规的规定和商用密码检测认证技术规范、规则开展商用密码检测认证。

商用密码检测、认证机构应当对其在商用密码检测认证中所知悉的国家秘密和商业秘密承担保密义务。

第二十六条 涉及国家安全、国计民生、社会公共利益的商用密码产品，应当依法列入网络关键设备和网络安全专用产品目录，由具备资格的机构检测认证合格后，方可销售或者提供。商用密码产品检测认证适用《中华人民共和国网络安全法》的有关规定，避免重复检测认证。

商用密码服务使用网络关键设备和网络安全专用产品的，应当经商用密码认证机构对该商用密码服务认证合格。

第二十七条 法律、行政法规和国家有关规定要求使用商用密码进行保护的关键信息基础设施，其运营者应当使用商用密码进行保护，自行或者委托商用密码检测机构开展商用密码应用安全性评估。商用密码应用安全性评估应当与关键信息基础设施安全检测评估、网络安全等级测评制度相衔接，避免重复评估、测评。

关键信息基础设施的运营者采购涉及商用密码的网络产品和服务，可能影响国家安全的，应当按照《中华人民共和国网络安全法》的规定，通过国家网信部门会同国家密码管理部门等有关部门组织的国家安全审查。

第二十八条 国务院商务主管部门、国家密码管理部门依法对涉及国家安全、社会公共利益且具有加密保护功能的商用密码实施进口许可，对涉及国家安全、社会公共利益或者中国承担国际义务的商用密码实施出口管制。商用密码进口许可清单和出口管制清单由国务院商务主管部门会同国家密码管理部门和海关总署制定并公布。

大众消费类产品所采用的商用密码不实行进口许可和出口管制制度。

第二十九条　国家密码管理部门对采用商用密码技术从事电子政务电子认证服务的机构进行认定，会同有关部门负责政务活动中使用电子签名、数据电文的管理。

第三十条　商用密码领域的行业协会等组织依照法律、行政法规及其章程的规定，为商用密码从业单位提供信息、技术、培训等服务，引导和督促商用密码从业单位依法开展商用密码活动，加强行业自律，推动行业诚信建设，促进行业健康发展。

第三十一条　密码管理部门和有关部门建立日常监管和随机抽查相结合的商用密码事中事后监管制度，建立统一的商用密码监督管理信息平台，推进事中事后监管与社会信用体系相衔接，强化商用密码从业单位自律和社会监督。

密码管理部门和有关部门及其工作人员不得要求商用密码从业单位和商用密码检测、认证机构向其披露源代码等密码相关专有信息，并对其在履行职责中知悉的商业秘密和个人隐私严格保密，不得泄露或者非法向他人提供。

培训课程 2

行业相关文件及公告

学习单元 1 《关于防范比特币风险的通知》相关知识

一、概述

《关于防范比特币风险的通知》(以下简称《通知》)是 2013 年 12 月由中国人民银行、工业和信息化部、银监会、证监会、保监会联合印发的。

二、主要内容

1. 正确认识比特币的属性

比特币具有没有集中发行方、总量有限、使用不受地域限制和匿名性等四个主要特点。虽然比特币被称为"货币",但由于其不是由货币当局发行,不具有法偿性与强制性等货币属性,并不是真正意义的货币。从性质上看,比特币应当是一种特定的虚拟商品,不具有与货币等同的法律地位,不能且不应作为货币在市场上流通使用。

2. 各金融机构和支付机构不得开展与比特币相关的业务

现阶段,各金融机构和支付机构不得以比特币为产品或服务定价,不得买卖或作为中央对手买卖比特币,不得承保与比特币相关的保险业务或将比特币纳入保险责任范围,不得直接或间接为客户提供其他与比特币相关的服务,包括为客户提供比特币登记、交易、清算、结算等服务;接受比特币或以比特币作为支付结算工具;开展比特币与人民币及外币的兑换服务;开展比特币的储存、托管、抵押等业务;发行与比特币相关的金融产品;将比特币作为信托、基金等投资的投资标的等。

3. 加强对比特币互联网站的管理

依据《中华人民共和国电信条例》和《互联网信息服务管理办法》，提供比特币登记、交易等服务的互联网站应当在电信管理机构备案。

电信管理机构根据相关管理部门的认定和处罚意见，依法对违法比特币互联网站予以关闭。

4. 防范比特币可能产生的洗钱风险

中国人民银行各分支机构应当密切关注比特币及其他类似的具有匿名、跨境流通便利等特征的虚拟商品的动向及态势，认真研判洗钱风险，研究制定有针对性的防范措施。各分支机构应当将在辖区内依法设立并提供比特币登记、交易等服务的机构纳入反洗钱监管，督促其加强反洗钱监测。

提供比特币登记、交易等服务的互联网站应切实履行反洗钱义务，对用户身份进行识别，要求用户使用实名注册，登记姓名、身份证号码等信息。

各金融机构、支付机构以及提供比特币登记、交易等服务的互联网站如发现与比特币及其他虚拟商品相关的可疑交易，应当立即向中国反洗钱监测分析中心报告，并配合中国人民银行的反洗钱调查活动；对于发现使用比特币进行诈骗、赌博、洗钱等犯罪活动线索的，应及时向公安机关报案。

5. 加强对社会公众货币知识的教育及投资风险提示

各部门和金融机构、支付机构在日常工作中应当正确使用货币概念，注重加强对社会公众货币知识的教育，将正确认识货币、正确看待虚拟商品和虚拟货币、理性投资、合理控制投资风险、维护自身财产安全等观念纳入金融知识普及活动的内容，引导社会公众树立正确的货币观念和投资理念。

各金融监管机构可以根据本通知制定相关实施细则。

三、内容解释

《通知》明确了比特币的性质，认为比特币不是由货币当局发行，不具有法偿性与强制性等货币属性，并不是真正意义的货币。从性质上看，比特币是一种特定的虚拟商品，不具有与货币等同的法律地位，不能且不应作为货币在市场上流通使用。但是，比特币交易作为一种互联网上的商品买卖行为，普通民众在自担风险的前提下拥有参与的自由。

《通知》要求，现阶段各金融机构和支付机构不得以比特币为产品或服务定价，不得买卖或作为中央对手买卖比特币，不得承保与比特币相关的保险业务或将比特币纳入保险责任范围，不得直接或间接为客户提供其他与比特币相关的服务，包括为客户提供比特币登记、交易、清算、结算等服务；接受比特币或以比特币作为支付结算工具；开展比特币与人民币及外币的兑换服务；开展比特币的储存、托管、抵押等业务；发行与比特币相关的金融产品；将比特币作为信托、基金等投资的投资标的等。

《通知》规定，作为比特币主要交易平台的比特币互联网站，应当根据《中华人民共和国电信条例》和《互联网信息服务管理办法》的规定，依法在电信管理机构备案。同时，针对比特币具有较高的洗钱风险和被犯罪分子利用的风险，《通知》要求相关机构按照《中华人民共和国反洗钱法》的要求，切实履行客户身份识别、可疑交易报告等法定反洗钱义务，切实防范与比特币相关的洗钱风险。

为了避免因比特币等虚拟商品借"虚拟货币"之名过度炒作，损害公众利益和人民币的法定货币地位，《通知》要求金融机构、支付机构在日常工作中应当正确使用货币概念，注重加强对社会公众货币知识的教育，将正确认识货币、正确看待虚拟商品和虚拟货币、理性投资、合理控制投资风险、维护自身财产安全等观念纳入金融知识普及活动的内容，引导公众树立正确的货币观念和投资理念。

比特币网站需"实名制"。针对比特币交易市场的现状，《通知》中规定，作为比特币主要交易平台的比特币互联网站，应当根据《中华人民共和国电信条例》和《互联网信息服务管理办法》的规定，依法在电信管理机构备案。同时，针对比特币具有较高的投机风险、洗钱风险和被犯罪分子利用的风险，《通知》要求相关机构按照《中华人民共和国反洗钱法》的要求，切实履行客户身份识别、可疑交易报告等法定反洗钱义务，切实防范与比特币相关的洗钱风险。按照《通知》要求，比特币服务机构纳入反洗钱监管，比特币网站需实名制，比特币或迎来"实名制"时代。

今后，人民银行将基于自身职责，继续密切关注比特币的动向和相关风险。

四、比特币的风险

1. 投机风险

比特币交易市场容量较小，交易24小时连续开放，没有涨跌幅限制，价格容易被投机分子控制，产生剧烈波动，风险极大。普通投资者盲目跟风容易遭受重大损失。

2. 洗钱风险

由于比特币交易具有匿名性和不受地域限制的特点，其资金流向难以监测，为洗钱和恐怖融资活动提供了便利。

3. 被违法犯罪分子或组织利用的风险

目前，国际上已经出现了利用比特币进行的毒品、枪支交易等犯罪活动，相关案件已经被查处。

学习单元 2 《关于防范代币发行融资风险的公告》相关知识

一、概述

《关于防范代币发行融资风险的公告》（以下简称《公告》）是 2017 年 9 月由中国人民银行、中央网信办、工业和信息化部、工商总局、银监会、证监会和保监会七部门联合发布的。

二、主要内容

1. 准确认识代币发行融资活动的本质属性

代币发行融资是指融资主体通过代币的违规发售、流通，向投资者筹集比特币、以太币等所谓"虚拟货币"，本质上是一种未经批准非法公开融资的行为，涉嫌非法发售代币票券、非法发行证券以及非法集资、金融诈骗、传销等违法犯罪活动。有关部门将密切监测有关动态，加强与司法部门和地方政府的工作协同，按照现行工作机制，严格执法，坚决治理市场乱象。发现涉嫌犯罪问题，将移送司法机关。

代币发行融资中使用的代币或"虚拟货币"不由货币当局发行，不具有法偿性与强制性等货币属性，不具有与货币等同的法律地位，不能也不应作为货币在市场上流通使用。

2. 任何组织和个人不得非法从事代币发行融资活动

《公告》发布之日起，各类代币发行融资活动应当立即停止。已完成代币发行融资的组织和个人应当做出清退等安排，合理保护投资者权益，妥善处置风险。

有关部门将依法严肃查处拒不停止的代币发行融资活动以及已完成的代币发行融资项目中的违法违规行为。

3. 加强代币融资交易平台的管理

《公告》发布之日起，任何所谓的代币融资交易平台不得从事法定货币与代币、"虚拟货币"相互之间的兑换业务，不得买卖或作为中央对手方买卖代币或"虚拟货币"，不得为代币或"虚拟货币"提供定价、信息中介等服务。

对于存在违法违规问题的代币融资交易平台，金融管理部门将提请电信主管部门依法关闭其网站平台及移动 app，提请网信部门对移动 app 在应用商店做下架处置，并提请工商管理部门依法吊销其营业执照。

4. 各金融机构和非银行支付机构不得开展与代币发行融资交易相关的业务

各金融机构和非银行支付机构不得直接或间接为代币发行融资和"虚拟货币"提供账户开立、登记、交易、清算、结算等产品或服务，不得承保与代币和"虚拟货币"相关的保险业务或将代币和"虚拟货币"纳入保险责任范围。金融机构和非银行支付机构发现代币发行融资交易违法违规线索的，应当及时向有关部门报告。

5. 社会公众应当高度警惕代币发行融资与交易的风险隐患

代币发行融资与交易存在多重风险，包括虚假资产风险、经营失败风险、投资炒作风险等，投资者须自行承担投资风险，希望广大投资者谨防上当受骗。

对各类使用"币"的名称开展的非法金融活动，社会公众应当强化风险防范意识和识别能力，及时举报相关违法违规线索。

6. 充分发挥行业组织的自律作用

各类金融行业组织应当做好政策解读，督促会员单位自觉抵制与代币发行融资交易及"虚拟货币"相关的非法金融活动，远离市场乱象，加强投资者教育，共同维护正常的金融秩序。

学习单元 3 《关于继续警惕投资虚拟货币市场的风险提示》相关知识

一、概述

《关于继续警惕投资虚拟货币市场的风险提示》是 2019 年 6 月由北京市互联

网金融行业协会发布的。

二、主要内容

随着国际虚拟币市场的再度升温，一些人或公司借助与科研单位、学术机构开展"数字货币""区块链""金融创新"等研究或学术推广名义，又开始大肆宣传虚拟币、虚拟资产等各类非法金融资产，并蛊惑国内广大投资者参与虚拟币交易、矿场矿池、虚拟交易所等。此类非法投资行为，依托互联网、聊天工具，租用境外服务器搭建网站，面向国内投资者开展活动，并远程控制实施违法交易，宣称"币值再次回涨""投资周期短、收益高、风险低"，具有较强蛊惑性。实际操作中，不法分子通过幕后操纵所谓虚拟货币价格走势、设置获利和提现门槛等手段，吸引投资者投入资金，并利诱投资者发展人员加入，不断扩充资金池，以非法牟取暴利。

2017 年 9 月，中国人民银行、中央网信办等七部门联合发布《关于防范代币发行融资风险的公告》，明确表明"代币融资"本质上是一种未经批准非法公开融资的行为，涉嫌非法发售代币票券、非法发行证券以及非法集资、金融诈骗、传销等违法犯罪活动。任何组织和个人不得非法从事代币发行融资活动，加强代币融资交易平台的管理，各金融机构和非银行支付机构不得开展与代币发行融资交易相关的业务。

2018 年 8 月，银保监会等五部门发布的《关于防范以"虚拟货币""区块链"名义进行非法集资的风险提示》中明确指出，不法分子以"ICO""IFO""IEO""IMO"等花样翻新的名目发行代币，或打着共享经济的旗号进行虚拟货币炒作，具有较强的隐蔽性和迷惑性。此类活动以"金融创新"为噱头，实质是"借新还旧"的庞氏骗局，资金运转难以长期维系。并非真正基于区块链技术，而是炒作区块链概念行非法集资、传销、诈骗之实，严重侵害公众合法权益。

一段时间以来，仍有不少机构打着"学术研究"的旗号，以"ICO"及其变种之名，频繁组织不同形式的线下"研讨会""论坛"，进行线下违法宣传活动。利用 Algorand 项目、DVS 币等，在各地包括高校融资路演，继续开展非法跨境金融活动。协会特别提示：有关企业应当严格遵守国家法律法规，坚决抵制以"虚拟货币""ICO"及其变种名义开展的各种违法违规金融活动。

协会提醒广大投资者，树立正确的货币观念和投资理念，增强风险防范意识，认清相关模式的本质，不要相信天花乱坠的承诺，不要盲目跟风炒作，时刻警惕投机风险，避免自身财产损失。

广大市民发现涉及非法金融活动的，可向有关金融监管机关或行业协会举报，对其中涉嫌违法犯罪的，可向公安机关报案。协会倡议，会员和各社会机构应加强自律，抵制非法金融活动，不参与任何"ICO"及其变种或炒作"虚拟货币"的非法金融行为。